HISTORIA DE LA ESCRITURA,
DE LA GRAFOLOGÍA,
Y SU EVOLUCIÓN

Susana Gómez Lages

Susana Gómez Lages
Madrid, 2013

Tel. 606210979
sglages@gmail.com

Queda rigurosamente prohibida sin autorización por escrito del autor cualquier forma de reproducción, distribución, comunicación pública o transformación de esta obra, que será sometida a las sanciones establecidas por la ley.

Primera edición: 1994
Segunda edición: Marzo 2013
ISBN: 978-1-291-35333-4

ÍNDICE

Primera parte: HISTORIA DE LA ESCRITURA

INTRODUCCIÓN.. 7

ORÍGENES DE LA ESCRITURA 9

PRIMERAS FORMAS DE ESCRITURA......................... .13
    Sistema Sumerio..15
    Sistema Egipcio...19
    Sistema Hitita..25
    Sistema Chino...27
    Sistemas Proto-elamita, Proto-índico y Cretense........29
    Evolución de los sistemas orientales........................31

ORIGEN Y NACIMIENTO DEL ALFABETO LATINO..........33

MATERIALES EMPLEADOS PARA PERPETUAR LA ESCRITURA...39

Glosario de figuras...43

Segunda parte: HISTORIA DE LA GRAFOLOGÍA

1-INTRODUCCIÓN..53

2-ANTECEDENTES Y PRIMEROS MOVIMIENTOS....................55

3-PRIMEROS MAESTROS, DESARROLLO INICIAL....................57
    3.I.- Introducción de la Grafología en España 65

4-LEYES GENERALES DE INTERPRETACIÓN........................67

4.1.- LEY MÍMICA..69
4.2.- LEY SIMBÓLICA...71
4.3.- LEY EMOCIONAL...75
4.4.- LEY PROFUNDA...77
4.5.- LEY INDUCTIVA-ALFABÉTICA...................................79
4-6.- LEY INTUITIVA-CONTRASTADA..............................81

5- PANORAMA ACTUAL DE LA GRAFOLOGÍA........................83
   5.1. Áreas..85
   5.2. Panorama actual según división geográfica...............91
      5.2A- **Europa**:...93
         Alemania...95
         Bélgica..97
         España..99
         Francia..107
         Inglaterra..113
         Italia..115
         Suiza...117
         Otros países europeos...119

   5.2b. **América**:..**121**
         Argentina..123
         Brasil...127
         Estados Unidos y Canadá....................................129

Bibliografía consultada...133

Primera Parte
HISTORIA DE LA ESCRITURA

INTRODUCCIÓN

Las dos características más importantes de la conducta humana son: *la expresión y la comunicación*. Si bien la primera forma parte de lo que podemos llamar conducta personal y la segunda de la conducta social, está claro que, desde su origen, el hombre -como ser social que es-, otorga importancia a la primera en la medida que trasciende a la segunda. En éste contexto, se entiende la preocupación constante por el refinamiento de la primera, la búsqueda de manifestación y, por tanto su integración en la conducta social.

Son formas de comunicación: el habla, la mímica, el tacto; la escritura surgió más tarde, como consecuencia de la necesidad de testimonio, de perpetuidad, de inmortalidad; alguien es perenne cuando sus ideas se recuerdan siempre.

Una palabra pronunciada, un gesto, la caricia con la que estamos expresando amor, tienen valor temporal Un "te amo" escrito es eterno, permanece intacto mientras no se destruya el papel, la piedra o arda el árbol sobre el que se ha escrito.

or otra parte, la palabra hablada es inaudible en un espacio grande sin la intervención de medios técnicos refinados (teléfono, micrófonos, etc.); la caricia tiene su límite en el largo del brazo humano y la mímica puede ser captada por el último espectador de un teatro. La escritura puede llegar simultáneamente a todos y cada uno de los lectores del universo y transmitir un mensaje con la misma intensidad que su autor la plasmara en el papel.

Es lógico pensar que la escritura nace como necesidad de trascendencia de los logros humanos y de reducir las limitaciones de otros medios de comunicación.

Más tarde se vieron nuevas ventajas para el receptor de la comunicación escrita. Una poesía recitada por un actor que le infundiera tono depresivo o, por el contrario, de algarabía o que no irradia expresividad, puede variar el sentido inicial del mensaje" Ante la lectura, sin embargo; se dan dos propiedades de interpretación, la transmisión exacta de los sentimientos del autor y la percepción que de ellos tenga el lector, en la que suelen influir el concepto y la historia personal del autor y su obra. Cobra protagonismo el binomio "escritor-lector".

Por otra parte, son importantes los estudios caracterológicos que se realizan a través de escritos. La Grafología, como técnica de evaluación psicológica es capaz de conocer el estado de ánimo del autor de un escrito en el momento en que ha sido realizado, así como muchos rasgos de la personalidad de éste.

ORÍGENES DE LA ESCRITURA

Si por escritura entendemos el recurso de expresar ideas por medio de señales visibles convencionales, no le podemos atribuir una antigüedad mayor a cinco mil años. Pero, hay que destacar que en los tiempos más primitivos, hace decenas de milenios, el hombre sintió el impulso de dibujar o pintar en las paredes de su vivienda o sobre las rocas que formaban su entorno habitual. El hombre primitivo es, en realidad, "el niño" de la historia de la escritura.

Las huellas de la imaginación humana abundan por todo el planeta y pueden verse aún sobre rocas, dibujos que datan de la época paleolítica más antigua. Estos dibujos reciben el nombre de PETROGRAMAS si están dibujados o pintados y PETROGLIFOS si son tallados o grabados. Tanto uno como otros reproducen elementos conocidos por el hombre de la época, imitan las figuras de animales o de personas, en diversas posiciones. Dan testimonio de ello las fieles reproducciones de animales que datan del paleolítico en Europa y las pinturas de los bosquimanos en Africa del Sur que vemos la
figura 1.

Las figuras 2 y 3 forman parte de un enorme número de dibujos rupestres descubiertos en América, especialmente en las regiones montañosas de Norttamérica

Estas pinturas no constituyen escritura porque no forman parte de un sistema convencional de signos. Para entender su mensaje, habría que retroceder en el tiempo, instalarse ante su autor y preguntar: "¿Qué quiso Vd. narrar aquí!". Como la máquina del tiempo pertenece aún a la ficción literaria o cinematográfica, ésta pregunta queda en el aire y sin respuesta.

Una cosa que sí está clara es la derivación de la escritura: al igual que el lenguaje oral procede de la imitación de sonidos, la escritura se desarrolló partiendo de la imitación gráfica de seres u objetos reales y, por tanto, podemos considerar que la raíz profunda es la pintura. Esto se hace evidente al verificar el carácter pictórico de los sistemas orientales: sumerio, egipcio, hitita, chino, etc..., que también incluían algunos signos lineales y geométricos. Estos últimos suelen hallarse en objetos muebles, vasijas, armas (art mobilier). Ignace J. GELB, en su libro "Historia de la Escritura", manifiesta su creencia de que tales signos no representan formas abstractas, sino el resultado de un desarrollo esquemático de las pinturas propiamente dichas.

En la figura 4 hay una serie de dibujos que muestran ejemplos post-paleolíticos de formas lineales en pinturas rupestres de España en comparación con formas posteriores procedentes de Mas d'Azii en Francia, pintados en pequeños trozos de pedernal. Hugo Obermaier ha mostrado cómo las pinturas de éstos signos se fueron esquematizando con el paso del tiempo hasta alcanzar un estado en el que resulta imposible reconocer lo que intentaban representar originariamente.

La observación del desarrollo de cualquier escritura a través de sus fases históricas, sirve para probar que los signos geométricos son desarrollos esquemáticos de pinturas.

PRIMERAS FORMAS DE ESCRITURA

Los sistemas completos de escritura se originaron en Oriente. Por razones históricas y prácticas incluímos en el ámbito de las civilizaciones orientales también a Egipto, las regiones adyacentes de África y los países en torno al Mar Egeo, por lo menos en el período pre-helénico. Encontramos aquí siete sistemas de escritura, originales y completamente desarrollados, todos los cuales pueden, a priori, pretender un origen independiente:

- SUMERIO *(Mesopotamia, 3.100 a.C hasta 75 d.C)*
- PROTO-ELAMITA *(Elam, 3.000- 2.200 a. C)*
- PROTO-INDICO *(valle del Indo, hacia 2.200 a.C.)*
- CHINO *(China, 1.300 a.C al presente)*
- EGIPCIO *(Egipto, 3.000 a.C - 400 d.C)*
- CRETENSE *(Creta y Grecia, 2.000- 1.200 a.C)*
- HITITA *(Anatolia y Siria, 1.500 - 700 a.C)*

De éstos, los sistemas Proto-Elamita, Proto-Indico y Cretense se encuentran aún sin descifrar o parcialmente descifrados, podemos estudiar únicamente los otros cuatro sistemas.

Sistema Sumerio

Se desarrolla en la cuenca de los ríos Tigris y Eúfrates, la Mesopotamia, cuna de la escritura cuneiforme (en forma de cuña). Los trazos abundaban en formas de cuña y de ahí deriva el nombre.

La escritura sumeria tiene su origen en las exigencias de la economía y la administración públicas. Con el aumento de la productividad, como resultado de los sistemas de canalización e irrigación inspirados por el Estado, el exceso de la producción agrícola acumulada tuvo que conservarse en los depósitos y sitios de las ciudades, lo que exigió llevar una contabilidad de los productos que ingresaban en la ciudad, así como los manufacturados que salían del campo.

Los registros sumerios más antiguos que se conocen, son los hallados en Uruk (el estrato IV de Uruk), que contiene signos claramente verbales, limitados a la expresión de numerales, objetos y nombres de personas. Esta es la etapa de la escritura que se denomina *logografía o escritura léxica*, y donde cada signo tiene un solo significado concreto (el dibujo de una oveja, significa oveja). *La ideografía*, en cambio, parte de una asociación de conceptos, así un sol puede significar brillante, blanco, día, etc...

Las formas más sencillas de registros sumerios están representadas por carteles o etiquetas, generalmente de arcilla y rara vez de yeso, que muestran perforaciones con restos de cuerda con las que estaban originalmente atadas a un objeto o grupo de objetos. No contenían más 'que la impresión de un sello de cilindro, que era la marca de propiedad del remitente de los objetos y, en ocasiones, signos indicativos del número de artículos enviados pero, ninguno que señalase la naturaleza de la mercancía.

Las limitaciones de este sistema son evidentes: aunque el destinatario conocía a la vista del rótulo la naturaleza del envío, una vez que éstos se separaban del bulto, la conexión se iba perdiendo y olvidando gradualmente. Por otra parte, éste método sólo permitía los registros a los poseedores de sellos cilíndricos. He aquí la necesidad de ampliación del sistema y la sustitución de los sellos por signos escritos.

Estas limitaciones llevaron al desarrollo de la fonetización, que nace de la necesidad de expresar sonidos que no podían indicarse apropiadamente con dibujos o combinaciones de dibujos. Una vez extendido el principio de fonetización, se abren horizontes nuevos para la expresión de todas las formas lingüísticas por muy abstractas que fueran. El establecimiento de un sistema de escritura completamente desarrollado, exigía la convencionalización de las formas y de los principios, los signos debían norrnalizarse para ser reconocidos y establecer correspondencias con las palabras y os sentidos determinados. Hubo que crear nuevas reglas, asimismo, en cuanto a la dirección de los signos y las líneas y, en consecuencia un sistema de aprendizaje efectivo.

Las escasas tabletas escolares encontradas en el estrato IV de Uruk, dan testimonio de las tareas educativas y científicas de los sumerios, terrenos en los que destacarían en posteriores etapas.

El descifrado de la "cuneiforme", iniciado en la primera mitad del siglo pasado, avanzó de prisa, de modo que a finales del siglo XIX era posible leer muchos idiomas del Próximo Oriente, entre ellos el sumerio, hablado en la Mesopotamia meridional por un pueblo de filiación étnica y lingüística desconocidas y el acadio, lengua semítica hablado en el norte de Mesopotamia que comprendía dos dialectos principales: el babilonio y el asirio. Hacia finales del tercer milenio antes de Cristo el sumerio se extinguió, dando paso al acadio. Un poco más tarde, los elamitas se incorporaron el sistema de escritura sumerio, en el segundo milenio fueron los hurritas de la Mesopotamia septentrional y los hititas de Anatolia, los que tornaron prestada la escritura de los acadios. Los urartianos de Armenia que utilizaron la escritura mesopotámica para su lengua en la primera parte del primer milenio, fueron el último pueblo en tomar prestado de Mesopotamia el sistema cuneiforme.

A lo largo de la historia el material básico utilizado en Mesopotamia fue la arcilla. Como las formas redondeadas no podían marcarse fácilmente sobre la arcilla con un punzón, acabaron tomando con el tiempo forma angular, mediante unos pocos toques separados con el punzón, debido a la presión de éste en las esquinas, las rayas adquirían forma de cuña, origen de la escritura cuneiforme. Esta escritura fue más tarde empleada con otros materiales, como piedra, metal y madera, material éste último que hizo más patente el cambio de las formas redondeadas por las angulosas y cuadradas.

Los descubrimientos realizados en el siglo XIX, pusieron en evidencia que, en un principio -y por los motivos expresados en el párrafo anterior-, los signos eran menos cuneiformes aunque el término se pueda aplicar correctamente a la mayor parte de la vida de esta escritura. Las tabletas más antiguas halladas en la Mesopotamia meridional, contenían pocas formas de cuña y se asemejaban más a simples pinturas.

Sistema Egipcio

El nombre de la escritura jeroglífica de los egipcios deriva del griego y tiene su origen en la creencia de que esta clase de escritura era usada principalmente con fines religiosos y sobre piedra, significa "sagrado" y "tallar",

Para los egipcios, la escritura era un invento de los Dioses. En su mitología, existía el dios Toth, con cabeza de Ibis, que era el "Dios de la Escritura". Según consta en grabados hallados en tumbas egipcias, el camino indicado por la pluma -útil de escritura del Dios Toth-, es aquél por el que el hombre iría directo hacia la salvación eterna. En otros, se pueden ver representaciones que simulan el "juicio final", en los que el Dios Toth anota los méritos del difunto.

Los primeros ejemplos de escritura jeroglífica datan del tercer milenio antes de Cristo y se mantiene hasta la conquista romana en el 390 después de Cristo. Se sabe que comenzó con 700 signos y avanzó de manera tal que, en la época romana había 5000. Estos signos eran de tres tipos: Pictogramas (dibujos de seres vivos, representando movimiento, trasmitiendo sensación de vida), Fonogramas (dibujos que representaban sonidos) y Determinativos (permitían el conocimiento de la categoría de cosas o seres representados, por ejemplo, el color rojo para escribir nombres de dioses).

Hacia 1822, la escritura jeroglífica fue descifrada por el francés François Champollion, mediante el cotejo de la famosa piedra griega de Rosetta. De los orígenes y la historia de la escritura egipcia, contamos con cantidad de paletas de pizarra, procedentes de Hieraconpolis (cerca de la ciudad de Tebas). La mejor es la "paleta de Narmer", cuyos nombres están escritos en el sistema jeroglífico (ver fig.5).

Poco después se desarrolló en Egipto **un** completo sistema fonético de escritura, siguiendo el ejemplo sumerio. Tras un corto intermedio en que las inscripciones fonéticas ofrecen serias dificultades de interpretación, apareció un sistema completamente desarrollado que, en principio, permaneció inalterable hasta el mismo fin de la escritura egipcia. durante toda su historia fue una escritura logosilábica.

La escritura egipcia antigua juega un rol irnportantísimo en el **siglo** XIX, por la cantidad de material que se ha encontrado para investigar sobre la historia de ésta civilización y por la calidad dei mismo. Sirva como ejemplo la obra teatral de Calderón de la Barca, llamada "La vida es sueño", inspirada en un manuscrito egipcio ("El Príncipe predestinado"). Son muchos, también los libros sobre magia, cocina y otras artes que integraron éstos victoriosos hallazgos.

Como función social de la escritura, cabe destacar que, los Escribas, grupo social importante en la sociedad egipcia, de categoría elevada, nivel cultural superior al pueblo, decidían y asesoraban al gobierno y ostentaban, por tanto, el poder, a la sombra de los Faraones que, como se creía que eran hijos de dioses no tenían inquietudes en este sentido.

Era una escritura complicada en realidad. Se ejecutaba de arriba hacia abajo o viceversa, de izquierda a derecha o al revés. En el caso de los templos, la escritura siempre debía mirar hacia el "Dios" y en las tumbas hacia los Faraones. Era empleada como castigo la privación de la lectura a todo aquél que era juzgado como perverso, considerando la fórmula "los malos tienen los oídos en la espalda".

El material utilizado era el papiro, planta alta y delgada que crece en las zonas húmedas, bañadas por el Nilo. Se pegaban tiras finas y delgadas hasta conseguir espacios amplios (el papiro mayor que se conoce mide 40 metros). En épocas de escasez, se utilizaban los palimpsestos, es decir, papiros utilizados anteriormente, borrados y listos para nuevo uso.

La escritura jeroglífica usada con fines de manifestación pública, llegó a ser muy complicada, no siendo útil como escritura de la vida cotidiana ni para cubrir necesidades urgentes. Para estos fines, los egipcios desarrollaron dos formas de escritura cursiva: primero la **Hierática** y después la **Demótica**.

Egipto, cuya vida dependía del Nilo, ve necesaria la previsión contable de las cosechas habidas en un determinado período. Es imprescindible calcular las inundaciones y, en consecuencia, posteriores cosechas (3 o 4 al año). Con la escritura Hierática, inventada por los sacerdotes (según nos cuenta Herodoto, historiador griego del siglo VI a. C), si bien los signos son similares a los jeroglíficos, están unidos, convirtiéndose finalmente en letras.

En favor de la simplificación, posteriormente, se sustituye la Hierática por la Demótica, cuyos signos se parecen bastante a los alfabéticos. Como útil de escritura utilizaban el cálamo (caña aplastada por un extremo que le daba una forma puntiaguda). La tinta era de dos tipos y colores: negra, fabricada con hollín y goma arábiga y roja, conseguida a base de cinalosio.

Las figuras 6 y 7 muestran el desarrollo formal de algunos de los signos en las escrituras jeroglíficas, hierática y demótica.

El silabario egipcio consiste en unos 24 signos, cada uno con una consonante inicial más una vocal cualquiera y de unos 80 signos que constan de 2 consonantes más una(s) vocal(es) cualo cualesquiera.

Con independencia de que consideremos los signos no-semánticos egipcios como silábicos o como consonánticos, un hecho resulta evidente: que las vocales no están señaladas en la escritura. La idea básica es el principio de economía, que se esfuerza por la eficaz expresión del idioma por medio del menor número posible de signos. Si nos preguntamos por qué el egipcio y sus derivados semíticos omiten sistemáticamente la indicación de las vocales, la respuesta es que una de las principales características morfológicas de las lenguas semíticas es la conservación de las consonantes y la variabilidad de las vocales.

Sistema Hitita

El descifrado de la escritura jeroglífica hitita no fue conseguido hasta 1930. La investigación no ha progresado lo suficiente como para permitir situar conocimientos del hitita al mismo nivel que del sumerio o del egipcio.

Aunque el sistema general de la escritura es relativamente claro, queda mucho por hacer en la interpretación de los signos individuales.

Sus orígenes son pictóricos al igual que los de jeroglíficos egipcios, sin embargo no fue copiado de este último. Estuvo en uso desde el 1500 a.C, más o menos, hasta el 700 a.C. en una amplia región que se extendía desde la Anatolia hasta el norte de Siria. Su lengua está emparentada, pero no ofrece identidad alguna, con la llamada "hitita cuneiforme", que recibe este nombre por ser una lengua conservada en la escritura cuneiforme copiada de Mesopotamia. Ambas lenguas fueron usadas simultáneamente pero la cuneiforme en una zona limitada y se extinguió antes que la jeroglífica.

Los comienzos del hitita escrito son aún bastante obscuros pero, todos los indicios apuntan hacia el área cultural del Egeo. El carácter pictórico de los signos en sus etapas primitivas se conserva en las inscripciones formales del período clásico y se le reconoce, incluso, en la forma cursiva del último períodoo (Ejemplos en fig.8 y 9)

La estructura de los signos verbales es idéntica a la de otros sistemas logosilábicos.

Sistema Chino

La china es la única de las escrituras orientales que ha sido conocida tradicionalmente, trasmitida de generación en generación, hasta hoy. Aparece a mediados del segundo milenio a.C., bajo la dinastía Chang, como un sistema fonético enteramente desarrollado. A lo largo de su historia ha cambiado considerablemente en la forma externa pero, en sus características internas apenas si se diferencian las más antiguas de las más recientes.

En los signos del período Chang (unos 2.500) aparece claramente el carácter pictórico de su origen pero, desarrollan pronto una forma lineal y en escritos posteriores resulta difícil identificar la pintura que representaban en un pnnc1p10.

Carece de un silabario completo que pueda identificarse con los otros tres sistemas orientales.

Sistemas Proto-elamita. Proto-índico· y Cretense

La característica común de los tres es que se hallan aún sin descifrar o muy poco descifrados.

La escritura proto-elamita aparece primeramente en Susa, capital del antiguo Elam, después del 3.000 a.C.. El tipo más antiguo de ésta escritura está en varios cientos de tabletas de arcilla, con textos de evidente naturaleza económica. Tan sólo algunos signos numéricos se pueden interpretar y se ha determinado la existencia de un sistema decimal.

Una forma más desarrollada pero también sin descifrar, es la escritura proto-índica que aparece en el tercer milenio a.C. y convive con el acadio arcaico. Consta de un número reducido de signos y su forma se distingue considerablemente de la del período anterior. Se dió en el valle del Indo, donde los arqueólogos han hallado sellos con signos característicos que han suscitado gran interés en todo el mundo. Otros materiales empleados: cerámica y tabletas de cobre. Desapareció con la misma rapidez con la que había surgido.

La escritura cretense, aunque poco descifrada todavía, cuenta con más hallazgos. Sellos con representaciones de objetos y seres vivos aparecen en las etapas más tempranas del período minoico arcaico. Hacia el 2000 o 1900 a.C. surge la primera forma pictórica de esta escritura, Es un tipo de jeroglífico que avanzará en los años 1900-1700 a,C, gracias al desarrollo de la vida económica y continuará su evolución como escritura cursiva, alcanzando formas lineales que se utilizan hasta el 1200 a,C,, Las tabletas halladas son inventarios, recibos, cuentas...

Contiene un número considerable de ideogramas (en realidad logogramas, que cumplen función de determinativos e identificadores)

Evolución de los Sistemas Orientales

Cierto número de signos surgió de convencionalismos en evolución gradual. Así, ciertas formas geométricas, como rayas, círculos y semicírculos para ciertos números y otras expresiones abstractas y en épocas mucho más modernas, los símbolos utilizados en matemáticas (más, menos, radicales).

Los sistemas en completo desarrollo de las cuatro formas expuestas, se caracterizan por tres clases de signos:

- Logogramas: signos para palabras del idioma

- Signos silábicos, desarrollados de los logogramas siguiendo el principio jeroglífico.

- Signos auxiliares, como los de puntuación y, en algunas escrituras, clasificadores, determinativos o indicadores semánticos.

ORIGEN Y NACIMIENTO DEL ALFABETO LATINO

Sí se define "Alfabeto" como un sistema de signos que expresan sistemas individuales del habla, el primero que merece mención es el alfabeto griego" Sin embargo, el nuevo tipo de escritura no hizo irrupción súbitamente en suelo griego, las raíces y sus circunstancias se encuentran en Oriente antiguo. La tradición de los griegos de llamar a su escritura, "escritura fenicia" señala claramente el origen del sistema.

Una investigación superficial de las formas, los nombres y el orden de los signos griegos lleva a la conclusión de que todas estas características han sido tomadas del sistema semítico de escritura. Mientras los nombres de los signos del alfabeto griego no pueden explicarse con la ayuda de la lengua griega, corresponden casi exactamente a los de las diferentes lenguas semíticas, sobre todo, **el fenicio y el arameo.**

La dirección de los signos en la escritura varía considerablemente en las inscripciones griegas más antiguas, ya que se dirigen tanto de derecha a izquierda como al revés, continuando en estilo **bustrofedom**, esto es, cambiando alternativamente en cada línea. La denominación **bustrofedom**, surge por la similitud del camino seguido por la escritura con las curvas trazadas por los bueyes al arar. La característica principal es la continuidad, la primera línea no concluye en el margen del papel, sino que da una vuelta en forma de semicírculo para principiar la segunda que continúa de derecha a izquierda" Luego, baja de la misma manera y de izquierda a derecha y así sucesivamente.

Sólo poco a poco se fue imponiendo en el sistema griego, el método clásico de escribir de izquierda a derecha.

Los fenicios, grandes navegantes de la antigüedad, únicos semitas que se atrevieron a desafiar el gran Mar en busca de nuevos horizontes, trasmitieron también su cultura. Se comunicaban con fines comerciales con todos los pueblos mediterráneos, creando la necesidad de establecer un sistema de escritura que facilitara las gestiones económicas y contables.

El **alfabeto fenicio** es una fusión, deriva de la última etapa de escritura cuneiforme y de la demótica egipcia. Cuenta con 22 letras, todas consonantes (probablemente las vocales se leyeran pero no se transcribían). Algunos signos **representaban sílabas (consonante más vocal).** En realidad es una especie de puente entre el alfabeto silábico y el completo.

No sólo en Grecia plasmaron su cultura sino, como se dijo anterior- mente, en toda la costa mediterránea. Así, derivan también del fenicio, una serie de antiguas escrituras europeas: **etrusca (Italia). ibérica (España).**

Otra de las incorporaciones fenicias es el "ductus", la importancia del tamaño de la letra. El mérito griego, radica en el perfeccionamiento de éste alfabeto, la incorporación de letras del alfabeto semítico que no existían en Grecia, la implantación de un trazado común para la escritura, la generalización del sentido occidental de izquierda a derecha, la división de letras Mayúsculas y minúsculas, que permitió separar frases y dar una estética mejor. No es erróneo afirmar que la creación del alfabeto **democratizó** la escritura, convirtiéndola en un elemento de fácil acceso a aquellos sectores para los que hasta entonces había permanecido oculta.

De las escrituras antiguas derivadas del fenicio, la más importante es el **arameo**, lengua utilizada por Cristo y en la que se escribió el Antiguo Testamento y los "Pergaminos del Mar Muerto", por lo que conoció una fuerte expansión con el Cristianismo. El **hebreo,** se extendió también con gran facilidad, ya que el pueblo hebreo ha formado colonias desde épocas tempranas en cualquier lugar del globo terráqueo, siendo expulsado posteriormente de muchos pero, dejando su huella idiomática, mezclada con la lengua local. Causa de ésto es la gran adaptación de éste pueblo a pesar de conservar su religión y sus costumbres.

España, territorio apreciado desde tiempo ha, tanto por

fenicios como por griegos, tuvo inmigraciones de ambos pueblos que, entrando por el Mediterráneo se sitúan de a poco en el resto peninsular, quedando limitados al norte por los celtas establecidos en la franja cantábrica. Por el sur, en cambio, siguen camino hacia el norte africano. Este hecho explica la penetración del alfabeto en la Iberia y posterior surgimiento de la lengua y escritura ibérica, subdivisible en cuatro tipos según la geografía:

1- Ibérico levantino (Levante).

2   Turdetano (Centro, hoy Castilla)

3   Libio-fenicio (Norte de Africa, Andalucía)

4-   Greco-Ibérico (Cataluña y parte de Galicia)

La escritura ibérica, sin embargo, no ha sido traducida por la escasez del material hallado (algunas monedas), Los materiales sobre los que se imprimía eran diversos: plata, arcilla, piedra, metal, y algunas sobre huesos de animales en !os que las palabras tienen sentido mágico.

Con la conquista romana, la eseritura ibérica pierde vigencia y se adopta el latín. No hay que olvidar que la cultura romana era, en realidad griega, ya fuera importada o comprada.

La primera escritura que puede considerarse netamente

hispánica fue, en realidad, la **escritura visigoda.**

Los visigodos, al igual que todo el mundo bárbaro (extranjero), irrumpen en el mundo romano a partir del siglo IV d.C. y la causa es huir de los hunos que exterminaban pueblos enteros" Es así como los germanos penetran en el Imperio Romano que se extendía entonces desde Inglaterra hasta la India.

La lucha por el terreno, primer intento bárbaro de introducción, quedó rápidamente abortado. Los romanos, reyes de la diplomacia, convierten al enemigo en federado, otorgándole derechos sobre tierras en los confines del imperio. El pueblo bárbaro se "romaniza", se integra y adopta con rapidez las costumbres y el sistema de vida de Roma. El Emperador Dioclesiano, divide Roma en dos: Oriental y Occidental. Es entonces, cuando se crean diferencias de clases entre los ciudadanos romanos de pleno derecho y los bárbaros romanizados. Estos últimos se sienten estafados, se dan cuenta que han sido utilizados por el Imperio y reclaman sus derechos. Tras un pacto de dejar paso libre por Bizancio -cumbre del lujo y la belleza-, siempre y cuando ésta ciudad no fuera atacada, los bárbaros se trasladan, estableciéndose en Rumanía algunos (cuyo idioma hoy es el eslavo que deriva del latín) y otros llegan a España en el siglo V d.C.. Pierden aquí su carácter lingüístico germano, dejando tan sólo algunas influencias de sus nombres propios (Ejemplo: Ricardo).

En resumen, los fenicios transmiten por mar y con ansias de comerciantes, su alfabeto semítico a los griegos que, se apropian de los elementos de que carecía el utilizado hasta entonces, de ahí surge el latín que es, básicamente, la fuente de donde emanan casi todas las lenguas europeas de la actualidad y, por supuesto el castellano.

MATERIALES EMPLEADOS PARA PERPETUAR LA ESCRITURA

A pesar de haber mencionado este aspecto en cada apartado, se recogen aquí de forma esquemática y cronológica, concretamente los útiles y el soporte de las escrituras a través de la historia.

Primero fue el hombre primitivo o "niño" histórico que, como tal, perpetuó sus primeros mensajes en las paredes de sus viviendas y sobre rocas de su entorno geográfico.

Los petrogramas (dibujos) y petroglifos (tallados o grabados en piedra), se expanden por todo el mundo desde la época paleolítica, dando testimonio del poder de la imaginación humana.

Probablemente, el "sentido de propiedad privada" se desarrolla a partir de los orientales (sumerio, egipcio, hitita, chino, etc.), quienes tallaban sobre objetos muebles, vasijas, armas, haciendo constar el nombre del adquisitor. Cabe otra posibilidad, ¿ansia de perpetuar en la historia a través del "sello de fabricación?"...

Los sumerios utilizaban "tablillas", fabricadas de cerámica o barro, secadas posteriormente al sol. Las tablillas de Uruk halladas por los arqueólogos, son responsables del testimonio que tenemos en nuestros días de la historia de .la escritura" Otro empleo sumerio fue el antecesor de la ".etiqueta": rectángulos de arcilla y en ocasiones de yeso, conteniendo un sello cilíndrico con un nombre, el del remitente de los objetos que viajaban desde los centros agrarios a la metrópoli o viceversa.

Los egipcios, con el uso del papiro, revolucionaron la industria anexa a la escritura. El papiro es, en efecto, el antecesor del papel. En realidad, esta planta alta y delgada que crecía a orillas del Nilo, es elaborada pegando tira tras tira hasta conseguir largos pliegos, siendo el mayor que se conoce de 40 metros. El palimpsesto, papiro utilizado en épocas de escasez, consistía en papiros borrados y reutilizados. Y como útil, implantan el uso de la pluma. De hecho, en la mitología egipcia, el dios de la escritura aparece representado con una pluma de ave en su mano derecha. Posteriormente y con la desaparición del jeroglífico, la escritura demótica impuso el cálamo (caña aplastada por un extremo cuyo resultado es una forma similar al lápiz de nuestros días). Consiguieron dos colores diferentes de tinta, negra (fabricada con goma arábiga y hollín) y roja, conseguía a base de cinalario"

Ya avanzados en el tiempo, encontramos la escritura íbérica que emplea diversos materiales: plata, arcilla, piedra y otros metales y, las de carácter mágico, tenían la particularidad de ser escritas sobre huesos de animales.

Como conclusión, hemos evolucionado desde el papiro hasta la industria papelera contemporánea y desde el punzón necesario para tallar piedra, pasando por la pluma de ave, y el cálamo hasta la practicidad y estética de bolígrafos y estilográficas de oro o firmas de alta perfumería, muy cualificadas en el mundo de la moda. Esta evolución se ha producido en períodos de tiempo que se dividen en épocas concretas y conocidas por todos, en los que el hombre no ha cesado en su búsqueda, perpetuándose, con el fin, quizás, de no pasar inadvertido a la historia.

GLOSARIO DE FIGURAS

Figura 1:. Pintura rupestre de Rhodesia meridional representando una ceremonia de la lluvia

Figura 2: petrogligo de Oregón

Figura 3: Petroglifo del Noroeste de Brasil

Fig. 4: Dibujos lineales procedentes de España y Francia

Fig. 5: la paleta de Narmer

Fig. 6: Ejemplos de escritura hierática y demótica con transcripciones jeroglíficas de mano moderna

Fig. 7: desarrollo formal de algunos de los signos en jeroglífico hierático y demótico

Fig. 8: forma hitita de escritura jeroglífica

Segunda Parte
HISTORIA DE LA GRAFOLOGÍA
Y
EVOLUCIÓN

1- INTRODUCCIÓN

La escritura es una conducta extralingüística, comienza como acto consciente, pero a medida que se avanza en la página se vuelve inconsciente y permite, a través de su análisis, elaborar un informe completo de la personalidad del sujeto, explicar conductas y, mediante la Grafometría, realizar una valoración cuantitativa, fiable y válida, de las aptitudes y competencias.

Es una técnica proyectiva: el estímulo es independiente de la respuesta, por lo que está libre de las amenazas "efecto del experimentador" y "características de la demanda" (el sujeto no sabe qué variables se están midiendo al escribir las letras, las palabras...)

La escritura es una conducta aprendida en un determinado momento de la vida del sujeto y va cambiando según la experiencia. La repetición de los rasgos gráficos en situación de test, permite predecir su conducta en otras situaciones (Hull)

Se analizan todas las respuestas y las "no respuestas" (por ej., no firmar, no poner puntos, tildes...)

En la evaluación grafológica se miden variables Cognitivas, Conductuales y de Personalidad, además de la conducta patológica.

Mide los rasgos (características estables del sujeto) y los estados (comportamientos dependientes de la situación.

Cuenta con apoyo experimental: validez y fiabilidad contrastadas mediante métodos estadísticos, con otras técnicas psicométricas de evaluación.

No requiere empleo de materiales costosos ni de grandes inversiones de tiempo ni por parte del candidato, ni del evaluador.

2- ANTECEDENTES Y PRIMEROS MOVIMIENTOS

La primera mención hecha sobre la interpretación del carácter y la personalidad a través de la escritura estuvo a cargo de un español: Juan HU ARTE SAN JUAN, Profesor de Ciencias, publicó en 1575 un libro en dos capítulos, titulado "Examen de Ingenios".

El primer capítulo cuenta sus experiencias de observador minucioso de la escritura de sus alumnos, reparando en que los más inteligentes no eran precisamente los que mejor letra tenían. Estos últimos, sin embargo y según costumbre de la época, sacaban provecho económico a su belleza caligráfica, escribiendo poemas de amor para enamorados sin talento literario. El segundo capítulo, anecdótico, relataba la historia de un individuo que muy preocupado por su deficiente letra, contrató a un Perito Calígrafo que lo instruyera en la materia. Después de muchos esfuerzos abandonó su propósito, a la vista de su imposibilidad por lograr una mejor calidad caligráfica.

Si bien el Profesor Juan HUARTE SAN JUAN no es autor de ninguna ley interpretativa, cabe destacar que previó, aún sin planteárselo como tal, el futuro nacimiento de la Grafología.

3- PRIMEROS MAESTROS. DESARROLLO INICIAL

Es en realidad un hijo de Italia, Camilo BELDA, quien edita el primer libro sobre la materia en 1622: *"Trattato comme de una lettera missiva si cognoscano la natura e qualitá dello scríttore".* De él se hicieron numerosas traducciones y ha llegado hasta nuestros días.

Sin embargo, no en vano se denomina "Padre de la Grafología" al Abate tesonero **Jean Hyppolite MICHON**. Poseedor de una vasta cultura, atento investigador, observador juicioso que gozaba de una lógica eminentemente deductiva compartida con una gran sensibilidad e intuición, recibe los primeros conocimientos del Abate FLANDRIN.

MICHON pronosticó un futuro glorioso para la Grafología, perpetuado en uno de sus pensamientos: "Siento que la Grafología se va a desarrollar por nuevos e inesperados caminos". Esta frase deja constancia de su fe y su empeño en la continuidad de sus investigaciones y son innumerables, los avances conseguidos por los estudios que llevó a cabo. Su primer libro se editó en 1870 en sociedad con DESBARROLLES (editor, astrólogo y quiromántico afamado en la época). El motivo de la asociación es bien simple: el deseo de dar a conocer la Grafología a través de una publicación que quizás no hubiera sido posible editar individualmente.

DESBARROLLES era un personaje conocido y acreditado entonces, se le llamaba "El Rey de la Mano" por sus facultades quirománticas. Dado que la escritura se ejecuta con la mano, pensaba, el fruto de su unión con el Abate MICHON sería el reconocimiento de la interpretación de la escritura como una ciencia que denominarían "Quirografía", El título de este primer libro publicado en lengua alemana (nacionalidad de DESBARROLLES) es "Juicio sobre los movimientos" que traducido a lengua germana se reduce a una sola palabra.

A España nos llega su traducción en 1914, con el título de "Grafología", resultando un tanto irónico si se tiene en cuenta que la primera parte es una apología en detrimento del término "Grafología".

La asociación con DESBARROLLES acaba pronto. MICHON observa que su asociado "contamina" la Grafología, mezclándola con ideas mágicas exentas de criterio científico.

En 1870 nace el Movimiento Grafológico como tal y un año más tarde se constituye la "Société de Graphologie" de la cual el Abate MICHON fue fundador. Comienza a editarse la revista "La Graphologie" y es en 1872 cuando publica MICHON su primer libro en solitario: "Los misterios de la Escritura", En él, aborda la Grafología partiendo de postulados filosóficos y de razonamientos sumamente claros, desligándose así de los antiguos criterios ocultistas en que la Grafología estaba sumergida. Según su biógrafo Pierre FOIX, expone en ésta obra, un sistema completo de Grafología filosófica, es decir, aquellos principios filosóficos en que basa su método : la anatomía gráfica, la fisiología práctica
y la clasificación racional de los signos grafológicos en familias

de signos gráficos.

MICHON establece también en su "Système de Graphologie" algunos postulados muy interesantes:

"La escritura es el reflejo visible del pensamiento"

"Toda escritura como todo lenguaje es la inmediata manifestación del ser íntimo, intelectual y moral"

"El signo sigue el movimiento del alma y cambia cuando el alma o el estado de ánimo cambia"

Posteriormente, Jean Hippolyte MICHON realizó importantes estudios de personalidades históricas en base a su escritura, siendo uno de éstos ejemplos el de Cristóbal Colón.

Dos de sus alumnos enriquecieron el panorama grafológico, continuando con las investigaciones y definiendo finalmente las leyes previstas por el Abate MICHON, ellos son **Jules CRÉPIEUX-JAMIN (Francia) y Ludwig KLAGES (Alemania).**

Jules CRÉPIEUX-JAMIN, alumno destacado del Abate MICHON aunque no le conoció personalmente -a pesar de los múltiples intentos por su parte-, recoge las enseñanzas de su profesor, las depura y engrandece con su fino criterio científico, perfeccionando sus leyes y clasificando los signos en géneros, espacios y modos.

Nos situamos en el tiempo, corre el año 1882. Jules CRÉPIEUX-JAMIN, estudiante universitario de pensamiento avanzado y algo revolucionario, descubre después de leer las publicaciones de MICHON, y de aplicar y desarrollar sus principios, que la Grafología es la verdadera pasión de su vida, su meta. Asume la dirección de la Société de Graphologie que ostentaría hasta su muerte en 1940. Eleva la Grafología a la categoría de Ciencia, iniciando el Movimiento Científico Grafológico en colaboración con **Edmundo SOLANGE PELLAT** (Perito Calígrafo de los Tribunales del Sena) y el Dr. **Camilo STRELETSKI** (Médico). Este último aporta la teoría de "modificar la escritura para modificar el carácter" por lo que se le puede considerar iniciador de la Grafoterapia. Estos dos Grafólogos fueron también alumnos del Abate MICHON.

"La Escritura y el Carácter", es el primer libro escrito por Jules CRÉPIEUX-JAMIN (publicado en España por Editorial Jorro, Madrid) y la **LEY MÍMICA** (cuya explicación se puede ver en el capítulo 4, ap.4.1) es enunciación suya, tras la agrupación y perfeccionamiento de algunos estudios realizados por su profesor, el Abate MICHON. Posteriormente y trabajando en colaboración con Edmundo SOLANGE PELLAT, estableció los principios de Superioridad e Inferioridad como punto de partida para la interpretación.

Estamos en los albores del siglo XX y la Grafología se extiende paralelamente al resto de las ciencias auxiliares de la economía y de la sociología. Con los discípulos de

CRÉPIEUX-JAMIN, la ciencia grafológica se va perfeccionando cada vez más en Francia, a medida que se integra en las nuevas corrientes del psicoanálisis y de la caracterología moderna.

En Alemania fue donde **Ludwig KLAGES** (otro alumno destacado del Abate Jean Hyppolite MICHON) desarrolló sus investigaciones y puso en escena la Sociedad Alemana de Grafología (1903) que cuenta también con un elevado prestigio y gran número de seguidores.

De ella partirían posteriormente los interesados ingleses por la materia, entre los que merecen mención **Eric SIMPER y Lee SINGER**. Ambos discípulos de la Escuela Alemana de KLAGES, no añadirían nuevos métodos interpretativos ni realizarían investigación alguna para realzar la importancia de la Grafología.

Eric SIMPER llevó a la práctica el método aprendido y propuso nuevos empleos del mismo método. Lee SINGER impartió enseñanza.

Volviendo a Ludwig KLAGES, caracterólogo, lleva a cabo sus investigaciones en las cárceles alemanas, analizando escrituras de más de cincuenta mil presos que habían cometido diferentes tipos de delito (clasificándolos por grupos en éste sentido: violadores, asesinos, ladrones, etc…), destacando como consecuencia en el terreno de Criminología. Por caminos diferentes llega a conclusiones similares a las de Jules

CRÉPIEUX-JAMIN y la Escuela Francesa, proponiendo el sentido positivo (+) y negativo (-) del grafismo para llegar a su interpretación.

A diferencia de la Escuela Francesa, la Alemana parte del movimiento para ir a parar a la manifestación formal de la escritura, Los franceses se ocupan de las formas, son artistas del pensamiento. Los alemanes prefieren el movimiento, la acción, la intensidad dinámica del gesto gráfico. KLAGES hace abundantes aportaciones caracterológicas, poniendo las bases de interpretación de la escritura en el estudio del ritmo. En 1910 publica su primer obra "Problemas de Grafología" pero es en 1917 cuando aparece la que le facilitaría la fama y el prestigio científico. KLAGES fue también, junto a Edmundo SOLANGE PELLAT el creador de la **LEY PROFUNDA** (detallada en el apartado 4.4).

Podemos decir hasta el momento que, en el terreno grafológico, MICHON inició la andadura e integró caminos; CRÉPIEUX·.JAMIN hizo planos y señaló las grandes carreteras y KLAGES señalizó los caminos, pero las primeras autovías son obra de un suizo: **MAX PULVER**.

Amigo del Dr. JUNG, **Max PULVER** entronca la Grafología con las modernas corrientes psicológicas, integrando los principios del simbolismo (el papel como campo gráfico que simboliza el tiempo y el espacio, texto y firma, etc..., ver **LEY SIMBÓLICA**, apartado 4.2.), por lo que es conocido a nivel mundial. Su obra *"El Simbolismo de la Escritura"* editada en

1931 (España

1953, ed. V. Suárez), marca uno de los galones más gloriosos de la Grafología Científica. Con MAX PULVER el lenguaje grafológico se hace universal.

Fundó en 1950 la Société Suisse de Graphologie, integrada únicamente por Grafólogos profesionales o personas altamente calificadas por sus conocimientos o estudios de psicología. Existía desde 1928 la Société de Neuchâtel, primera asociación suiza de Grafólogos, accesible a toda persona que se interesara por el tema.

Alemania, 1930: aparece un hombre, Rafael SCHERMAN que, mezcla de brujo y científico, cree ver objetos físicos representados en las firmas que él relaciona con manifestaciones inconscientes del individuo (a modo de ejemplo citamos aquella firma en la que creyendo ver un barco, pronosticó un futuro viaje por mar a su autor). Estas revelaciones desacreditaron mucho a Rafael SCHERMAN, llegando a ser tachado de loco y promoviendo un verdadero alboroto en los medios grafológicos de la época que le hacen un vacío completo cuando este minucioso investigador pretende demostrar que se puede llegar al inconsciente por el gesto escritura. Rafael SCHERMAN compara la escritura con un "detector de mentiras", aplicando el "lapsus lingüe" del psicoanálisis de Freud que denomina "lapsus cálami" en la escritura.

Curt Augusto HONROTH, discípulo de SCHERMAN, huye a la Argentina (durante el Tercer Reight) y es en Buenos Aires donde, la **LEY EMOCIONAL** (ver apartado 4.3.) de SCHERMAN es desarrollada y perfeccionada por éste en colaboración con otros Grafólogos argentinos (Dr. Ribera y Profesor Zarza). Queda divulgada también a nivel mundial, mediante el libro de Curt A. HONROTH *"Grafología Emocional"* (Ed. Troquel, Buenos Aires, 1959).

Cabe señalar que en Italia existe una Escuela creada por el Padre Jerónimo MORETTI que logra un nuevo sistema y clasificación de signos, es la Escuela INTUITIVA CONTRASTADA (apartado 4.6.) que continúa ínvestigando y perfeccionando el Padre Lamberto TORBIDONNI

3.1- INTRODUCCIÓN DE LA GRAFOLOGÍA EN ESPAÑA

En nuestro país se conoce la Grafología desde su nacimiento por Cirilo SERRANO, CHAMPOURCIN, MIRACLE y algunos otros se que ocuparan a principios de siglo del estudio del carácter mediante la escritura, pero la verdadera introductora de la Grafología en España, por su divulgación en los medios de comunicación y publicación de obras es **Matilde RAS** quien la importa desde Francia en 1922.

Matilde RAS nace en Tarragona en 1881. Desciende de una rama de artistas e intelectuales. Estudió en París y se cuentan entre sus profesores: Jules CRÉPIEUX-JAMIN, SOLANGE PELLAT y STRELETSKI. Su primer libro es publicado en 1917 con prólogo de su profesor Jules CRÉPIEUX-JAMIN. Colaboró en su especialidad en la enciclopedia Espasa-Calpe y en numerosos periódicos de España, Francia, Portugal y Sudamérica.

Sus obras más conocidas son: "Grafología" (ed. Labor), "La Inteligencia y la Cultura en el Grafismo" (ed. Labor, 1945), "Historia de la Escritura y Grafología" -ésta es la más importante- (ed. Plus Ultra), "Los artistas escriben" (ed. Alhambra) y "Lo que sabemos de Grafopatología" (ed. G. del Toro, 1968).

Matilde RAS, figura destacada por su honestidad profesional, años de dedicación y pionera del movimiento grafológico español e hispanoamericano, seguida y respetada por todas las escuelas de lengua castellana, cuyos seguidores son una verdadera "legión" entre los que se cuentan conocidas figuras de la ciencia, del arte y de las letras, impartió clases en el Instituto Intemational de Boston. Estuvo trabajando en Grafología hasta los últimos momentos de su vida. Murió en Madrid en Abril de 1969, a la edad de 88 años.

En el apartado 5.2.A.3, "Panorama actual de la Grafología en España, se hablará más profundamente de los Grafólogos españoles que han contribuido al enriquecimiento de ésta ciencia por su continuidad en la investigación, enseñanza impartida y ejercicio digno y ético de la profesión con la seguridad de su perseverancia en el panorama grafológico español.

LEYES GENERALES

DE

INTERPRETACIÓN

4.1- LEY MÍMICA

El lenguaje escrito se diferencia del oral en la posibilidad de perpetuidad que ofrece y en el sentido o sentimiento que el lector aporta a la obra del autor.

Ambos lenguajes implican gesticulación: cuando hablamos podemos emplear un tono más bajo o más alto de voz, agudo o grave, dar a nuestra frase un sentido interrogativo, negativo o afirmativo, es lo que llamamos Prosodia, pero la expresión oral se mantiene aislada del gesto que realizan las manos y el cuerpo en general (conducta extralingüística). En la escritura, en cambio, gesto y mensaje van unidos, lo que decimos y cómo lo decimos se unifica.

CRÉPIEUX-JAMIN agrupa las escrituras de acuerdo con los diversos gestos o movimientos y es éste el punto de partida de la **LEY MÍMICA** que se enuncia diferenciando el sentido positivo, alegre, optimista, emprendedor, desinhibido... representado por el movimiento hacia arriba o hacia la derecha, del negativo, temeroso, indeciso o precavido en exceso, triste, avergonzado a veces que contrariamente es hacia abajo o hacia la izquierda.

El atleta que corre raudo, seguro a su meta, lleva la mitad superior de su cuerpo inclinado hacia adelante es el mismo que subirá al "podium", elevado y erguido a recoger el trofeo. Sin embargo, el hombre abatido por la pena y el fracaso o el deshonor, baja la cabeza ante el mundo y retrocede ante el amigo que le conociera casi triunfador antaño.

Este principio de identificación entre gestos primarios del elemento vivo y los reflejados en el texto escrito, ha sido comprobado posteriormente con los avances psicológicos que aportan la realización de entrevistas individuales, aplicación de tests, etc...

Los estudios estadísticos y la lógica (elemento fundamental en Grafología), no han estado ausentes en las investigaciones prácticas que han demostrado el acierto de la enunciación de la LEY MÍMICA y la veracidad de la clasificación de los gestos plasmados en la escritura.

Actualmente, todas las Escuelas y principios interpretativos (a excepción de la Intuitiva Contrastada) aplican esta ley que ha sido mejorada desde los tiempos de CRÉPiEX-JAMIN.

4.2- LEY SIMBÓLICA

Es el Dr. Max PULVER quien aporta una serie de conocimientos revolucionarios a la joven ciencia de la escritura, mediante la simbología.

El papel es entonces el terreno de juego -campo gráfico-, donde están representados el tiempo y el espacio; el texto, escenario donde el actor desempeña su papel -el individuo dentro del contexto social- a diferencia de la firma que será el hombre fuera de escena, solo, en su entorno familiar, revelando sus pasiones y emociones profundas.

Es importante recordar que Max PULVER era amigo del Dr. JUNG, destacado psicólogo (alumno del Dr. Sigmund FREUD) y por lo tanto, está justificada la importancia que adjudica a la psicología.

La LEY SIMBÓLICA se basa en la consideración de los símbolos que reposan en el Inconsciente Colectivo, con sus situaciones y espacios bien representados:

ARRIBA

IZQUIERDA   CENTRO   DERECHA

ABAJO

Desde el principio del mundo, cuando se dirige el hombre a Dios, su cabeza y su mirada se sitúan hacia arriba. Arriba está la Omnipotencia, lo Supremo, el Espíritu vuela... Abajo, en cambio, está el mal, lo turbio, la materia, los instintos; las palabras reflejan éste sentido, se "cae" al lodo, en el **fracaso... o, al contrario, se "vuela"' hacia el éxito.**

VOLAR – BIEN – ÉXITO – ARRIBA

CAER- MAL – FRACASO – ABAJO

A la izquierda está el pasado, el origen, la experiencia ya vivida, lo conocido. En Occidente, escribimos de izquierda a derecha y, por tanto, si escogemos el papel como símbolo de la vida, nacemos en el margen izquierdo y avanzamos, crecemos, etc.., hacía la derecha.

La derecha es, por tanto, el futuro y mientras acometemos firmes y decididos el camino hacia éste sector, hallamos todo un mundo de relación que a veces "nos acaricia" y otras "nos golpea", Nuestra reacción ante el mimo o la bofetada, los temores o agresiones que nos invaden, quedan plasmados en el gesto gráfico.

El Centro es la partida de los cuatro puntos cardinales mencionados, es nuestro YO y nuestro PRESENTE, del que emanan y al que afectan todos los contenidos psicológicos comprendidos en los cuatro vectores enunciados.

Para la aplicación de la LEY SIMBÓLICA en cada escrito en particular, hay que estudiar el terreno de predominio, la dirección de los trazos. De tal modo, las crestas en general revelan el espíritu y los pies la materia; los rasgos iniciales, puntos de la "i", barras de la "t", tildes, indicarán el regreso al origen cuando se retrasen , mientras que su adelantamiento reflejará una acometida de las metas emprendidas exenta de miedos así como un contacto confiado y decidido con el entorno.

La Escuela Simbólica se aplica a los márgenes, la firma, la rúbrica, situación del texto, etc...

Recordemos que con Max PULVER y su simbología, la Grafología cobra alcance universal.

4.3- LEY EMOCIONAL

Es Rafael SCHERMAN, alemán, personaje bastante desacreditado en su época y su entorno, por motivos ya comentados en el apartado 2, el autor de ésta Ley. Su divulgador, sin embargo, será un discípulo suyo emigrado a la Argentina: **Curt A. HONROTH**.

El método toma como base lo que denomina *"lapsus cálami"*, por su similitud con el *"lapsus lingüe"* del psicoanálisis. La escritura como *"detector de mentiras"*, revelando ése secreto, ésa manifestación que el individuo tan celosamente cree escondido. **"Cuando la mente duda, tiembla la mano"** y se aprecia una diferencia en la palabra escrita en relación con el texto en general. Gracias a ésta Ley se puede sondear el inconsciente personal y llegar a importantes conclusiones.

Es indudable que la palabra "robo" -por mencionar aquí un ejemplo- no produce el mismo sentimiento al ladrón que a la víctima. Nuestra mente reacciona de manera diferente al escribir "miedo" que "libertad", "amor" que "odio", los nombres propios de personas que queremos los plasmaremos con caracteres gráficos diferentes de aquellos que pertenecen a personas que nos son indiferentes.

En Argentina, Curt A. HONROTH, se asocia con otros Grafólogos y psicólogos argentinos para estudiar, aplicar (sobre todo en Criminología) e investigar los principios transmitidos al discípulo por Rafael SCHERMAN y publican a continuación, una serie de libros de gran importancia, entre los que destaca "Grafología Emocional Objetiva" (Editorial Troquel, Buenos Aires).

La aplicación de la Ley es bien sencilla. Se escribe claro, legible, ascendente, de forma cuidadosa y mayor tamaño, todo lo que nos resulta grato, nos inspira amor y respeto. En cambio, como deseo destructivo, contra el símbolo- persona u o jeto representado por una palabra, la escribimos confusa, ilegible, de menor tamaño, descendente, etc...

4.4- LEY PROFUNDA

Las primeras bases de la Ley tienen como responsables a Edmundo SOLANGE PELLAT y a Ludwig KLAGES. El fundamento interpretativo de la Ley se origina en las diferencias existentes entre el plano consciente y el plano inconsciente; la lucha del individuo entre lo que quiere ser y lo que es, entre el YO IDEAL y el YO REAL.

SOLANGE PELLAT, Perito Calígrafo de los Tribunales del Sena, afirma que encontramos contenidos conscientes identificadores en el más conseguido de los anónimos, en las últimas líneas. Efectivamente, al comenzar un escrito estamos tratando de dar una determinada imagen, "razonamos" cada trazo pero, al avanzar nos traiciona el inconsciente y entre la fatiga de la atención mantenida y la fuerza de las ideas que fluyen y se exponen, surge la personalidad verdadera.

KLAGES afirma que la escritura es un compuesto de elementos conscientes formadores (rasgos descendentes) y elementos inconscientes deformadores (rasgos ascendentes).

Tras las numerosas investigaciones y hallazgos realizadas,

como consecuencia de las aportaciones primeras de los ya mencionados SOLANGE PELLAT y Ludwig KLAGES, se establece la ley básica principal: ***todo principio es más consciente que el final, ya sea de página, de línea, de palabra, de letra o de trazo***.

En un escrito determinado, veremos al principio el YO IDEAL y al final el YO REAL; antes lo que queremos ser y después lo que somos verdaderamente.

4.5- LEY INDUCTIVA – ALFABÉTICA

Existen varios autores pero no un creador determinado de esta Ley, todos los grafólogos hacen conjeturas para precisar interpretaciones en particular de letras mayúsculas o minúsculas.

Remontémonos al "padre de la Grafología", el Abate Juan Hipólito MICHON, quien nos lega, ya en su época, un estudio de la "M" en una de sus obras. El primer "Diccionario" (estudio de todas las letras), es publicado por el Dr. CARTON.

Un grupo de grafólogos alemanes publica un fichero, donde se recogen todas las letras sueltas en un impresionante desfile; se trata de un trabajo de calidad que costó numerosos esfuerzos y no se limita a mayúsculas y minúsculas, sino que se extiende a cifras, signos de puntuación y subrayados; todo ello tanto en las formas latinas como alemanas antiguas.

La profesora **Roseline CREPY** ha realizado un impresionante despliegue de cuatro obras, en las que se estudian las minúsculas, las mayúsculas, las cifras y finalmente los márgenes y las firmas. Puesto que las investigaciones llevadas a cabo son constantes, la autora, al finalizar la obra concluyó que, si la escribiera en ése momento, el número de páginas se duplicaría.

La ventaja de este movimiento es que se ha conseguido descubrir la identificación existente entre determinadas letras y ciertos aspectos de la personalidad, figuras parentales, ambiciones, formas de enfrentar problemáticas o situaciones imprevistas en la vida, etc...

En tanto que descubrimiento de nuestro días, la Grafología Inductiva Alfabética, es un campo en el que todos los Grafólogos y estudiantes de ésta ciencia estamos dispuestos a sembrar, aportando las investigaciones y conclusiones a que se llegue estadísticamente.

No cabe duda de que éstas leyes se apoyan en las normas generales de CREPIEUX-JAMIN y KLAGES -como dicen los grafólogos alemanes-, pero son un descubrimiento contemporáneo y enriquecen el acerbo grafológico universal, con nuevas aportaciones nada desdeñables creando, además, en la nueva generación grafológica, el estímulo de seguir indagando.

4.6- LEY INTUITIVA CONTRASTADA

Surge en Italia, país que vió nacer **al** Padre **Jerónimo MORETTI** (Menores Conventuales, orden franciscana), uno de los Grafólogos geniales de nuestro siglo. Muy intuitivo, el Padre MORETTI llega a reseñar incluso el cuerpo del autor de los manuscritos (sin que ésta sea su principal aportación) y lo da a conocer en su obra "Grafología Somática".

Su método de interpretación y valoración de signos es creación suya y no está relacionado en absoluto con el movimiento universal iniciado por CRÉPIEUX-JAMIN en seguimiento de MICHON.

La principal obra de esta escuela se debe al sucesor del Padre MORETTI, quien dirige hoy día el Instituto MORETTI (fundado en 1925), nos referimos al Profesor Lamberto TORBIDONI y el título de la misma es "Grafología, texto teórico-.práctico"

Despierta curiosidad el estudio morfológico que se inicia con el análisis y clasificación de los grados de ángulos (ángulos A,B,C...) y la incorporación del concepto "a ángulos más agudos hay mayor egoísmo" mientras que la curva indica altruísmo, generosidad. No presenta rigor científico.

PANORÁMICA ACTUAL DE LA GRAFOLOGÍA

5.1.- ÁREAS

En sus inicios, la Grafología fue un medio de interpretación de rasgos caracterológicos. Al extenderse universalmente como método de investigación dentro de la psicología y otras ciencias que tienen por objeto el estudio del hombre, se ha ampliado también a otras áreas y hoy día podemos hablar de diferentes ramas de la Grafología, a saber:

GRAFOLOGÍA FISIOLÓGICA, se ocupa de la localización y estudio de los movimientos gráficos, según su origen cerebral (timo, cuerpo estriado, cerebelo, corteza cerebral, etc.) y su trayectoria a través de los centros musculares del brazo y de la mano.

GRAFOLOGÍA TIPOLÓGICA, encargada de descubrir las escrituras-tipo o signos gráficos más frecuentes en cada una de las tipologías conocidas (Jung, Kretschmer, Periot, Heymans-Le Senne, Spranger, Freud, etc).

GRAFOLOGÍA MÉDICA, que comienza con el estudio de Rogues de Fursacs (Les écrits et le dessin dans les maladies nerveuses et mentales: Los escritos y el dibujo en las enfermedades nerviosas y mentales) en 1905, culmina con los grandes avances logrados actualmente por la Grafología médica norteamericana. Está también muy avanzada en

Alemania, Holanda y Suiza. Han trabajado también mucho sobre este tema los italianos y gran cantidad de médicos españoles (Vallejo Nájera, Mena, Thomas, Emilio Muñoz Rivero, Allué, etc.)

GRAFOLOGÍA JUDICIAL (peritaciones grafológicas) que tiene como finalidad el descubrimiento de autores de anónimos y de falsificaciones de documentos. En España se han creado dos escuelas cuya finalidad es preparar equipos de grafólogos especializados en el estudio de documentos (Escuela de Grafología -dependiente de la Escuela de Medicina legal de Madrid, dirigida por el Dr. Villalain- y la Escuela de Ciencias del Grafismo -bajo el patronato del Consejo Superior de Investigaciones Científicas-)

GRAFOMETRÍA, que somete a valoración cuantitativa los movimientos gráficos, ha permitido a la Gratología adquirir un puesto elevado dentro de las pruebas psicotécnicas. Destaca en este sentido el sistema empleado por THEA STEIN LEWINSON que permite la utilización del mismo mediante ordenadores electrónicos.

GRAFOLOGÍA CARACTEROLÓGICA, destinada principalmente a la selección y promoción de personal, a la orientación de estudios en pedagogía, al estudio biográfico, a la complementación de caracteres, etc... Comprende el mayor porcentaje de adeptos y usuarios.

GRAFOTERAPIA que, muy usada en Estados Unidos y Francia, tiene como finalidad la corrección de defectos del carácter, así como la reeducación y rehabilitación de enfermos y subnormales. Se sigue, mediante la Grafología en muchas de nuestras clínicas, el desarrollo de las enfermedades antes y después de operaciones quirúrgicas o de su tratamiento y mediante ejercicios escritos, metódicamente dirigidos, se logran resultados sorprendentes.

GRAFOLOGÍA PSICOPEDAGÓGICA: se ocupa fundamentalmente de la escritura infantil, los garabatos de los niños en edad preescolar y del adolescente. Su objetivo es, por un lado encauzar al niño hacia aquellas áreas socio-laborales a las que mejor se adecue, desarrollando sus aptitudes; detectar y prevenir los problemas que puedan causarle dificultades de adaptación y, asimismo, orientar al adolescente en la elección de su futuro profesional.

PSICOGRAFOLOGÍA SOCIAL: Estudio realizado por la autora del presente libro, Susana Gómez Lages, se centra en la multiplicidad de roles desempeñados por cada individuo, en un mismo momento histórico. Cada persona ocupa un rol dentro de la familia (hijo, padre, esposo...) otro dentro del trabajo y uno distinto, probablemente, en su grupo de amigos y conocidos. Y es posible definir la evolución histórica de los individuos, siempre desde un punto de vista holístico y entroncando con la Antropología, la Sociología, Economía, Historia y Ciencias Políticas mediante los rasgos escritos que han caracterizado a las civilizaciones, desde las preindustriales hasta nuestros días. La aplicación permite realizar estudios evolutivos, tanto ontogénicos como filogénicos.

El avance de la Grafología en los últimos años y su entrada en las grandes universidades europeas y americanas ha colocado este tipo de estudios en primera línea de interés, Así, por ejemplo, la Sociedad Internacional de Grafología que en 1971 ha cumplido 100 años, ha sido declarada de utilidad pública por el Gobierno francés.

El *Centro de Estudios Grafológicos* de Madrid, fundado en 1992 y dirigido por la autora del libro, imparte exclusivamente a licenciados, los siguientes cursos especializados en las distintas aplicaciones de la Grafología:

- Evaluación Psicografológica Profesional para Consultores en Recursos Humanos *(centrado en la selección de personal y el desarrollo laboral)*
- Psicografología Social*(estudio del individuo en todos sus roles)*
- Grafología Psicopedagógica *(adecuado a maestros, profesores, padres, psicólogos infantiles...)*
- Diagnóstico Grafológico de Trastornos físicos y

psicológicos *(herramienta de evaluación para psicólogos clínicos y médicos)*
- Pericia Grafológica *(aplicada al derecho y criminología)*

En consecuencia, creemos interesante efectuar un ligero recorrido por los países que más utilizan la Grafología y en éste contexto, pasamos al capítulo siguiente.

PANORAMA ACTUAL
SEGÚN DIVISIÓN GEOGRÁFICA

EUROPA

ALEMANIA

Ludwig **KLAGES**, alumno del Abate MICHON, fue el fundador de la primera Escuela de Grafología y Caracterología alemana, de donde han surgido investigadores tan destacados como POPHAL, DETTWEILER, ENGELMANN, LEHMANN, NIEDERHOFFER, RODA WIESER, MÜLLER y ENSKATT, KNOBLOCH, JACOBY, WITTLICH y THEA STEIN LEWINSON, cuyos trabajos personales han trascendido las fronteras de éste país alcanzando las cimas del interés grafológico mundial.

Basta enumerar, por ejemplo, los trabajos de POPHAL (Profesor de la Universidad de Hamburgo, ya fallecido) sobre el origen fisiológico de los gestos gráficos. Según este autor e investigador, el desarrollo genético de la personalidad humana se efectúa a través de tres capas sucesivas (en esta teoría nos recuerda a SHELDON): la somatopsíquica, la timopsíquica y la neopsíquica, que corresponden respectivamente al cuerpo, al instinto y al inconsciente la primera; al sentimiento o dominio del sentimiento la segunda y al dominio de la vida consciente la tercera.

HANS KNOBLOCH, Profesor de Grafología en la Universidad de Maguncia (en la que también ejercieron KRETSCHMER y ENKE) es autor de una de las obras más consultadas por los Grafólogos Científicos.

RODA WIESER ha estudiado ampliamente el grafismo de los criminales y delincuentes (tiene cinco obras dedicadas a este tema) y THEA STEIN LEWINSON junto con ZUBIN han creado un nuevo sistema de Grafometría cuya ventaja es, como se ha mencionado ya, su utilización mediante ordenadores. En la obra de RICHARD R. POKORNY "*Psychology der Handschrift*" se comentan ampliamente las teorías e investigaciones de cada uno de estos autores.

La Grafología se estudia oficialmente en Alemania en varios centros universitarios, (Universidades de Berlín, Hamburgo, Maguncia, Friburgo, Kíel y Tubinga). Según estadísticas, el ochenta por ciento de los psicólogos profesionales han estudiado y practican la Grafología.

"La Grafología está oficialmente reconocida en Alemania. No se necesita ningún permiso de las autoridades, es una profesión libre y la economía alemana hace servir mucho a la Grafología, se hacen pocos tests, dado que esta técnica es más rápida, más barata y, en cuanto al carácter da resultados más seguros para la empresa", nos dice BEATRICE VON COSSELL (representante en Alemania de la Société de Graphologie de París), quien ha publicado un libro de estudios grafológicos en el que se recogen dictámenes en la materia de autores de todo el mundo.

Entre las revistas alemanas dedicadas a la Grafología Científica, las más afamadas son: "Graphologische Monatshefte" (fundada por Ludwig KLAGES), "Angewan.dte Graphologie und Charakterkunde", "Graphoiogische Schriftenreihe" y "Der Graphologe". Se celebran con frecuencia congresos internacionales de Grafología.

BÉLGICA

Se siguen especialmente los avances de la Grafología en Francia y, cuenta con grafólogos tan eminentes como A.M. COBBAERT, J. de BACKE- RE, M.F. LIENART, M.A. DAGNELY, CALLEWAERT, J. DUBOUCHET, GUYOT, BERGE y DULAIT. La Société Beige de Graphologie fue fundada en 1972. Merecen especial mención las obras de A.M. COBBAERT "La Graphologie" (Ed.Gérards Verviers), que ha llegado a alcanzar los 200.000 ejemplares; "Les Ecritures des Enfants et des Adolescents" del mismo editor y "Propos sur la Graphologie".

En 1960, Jeanne DUBOUCHET, profesora agregada de física en la Universidad de Bruselas, publicó una obra titulada "La analogía de los fenómenos físicos y psíquicos y la escritura". Esta obra, que sirvió a su autora como tesis para la obtención del diploma superior de Grafología en la Société de París, tiene la originalidad de comparar las leyes de la escritura con las leyes de la física.

Jacques DE BACKERE, asiduo colaborador de varias revistas de Grafología, entre ellas el boletín "La Graphologie", de París, tiene una obra muy interesante titulada "Introducción a la Graphologie". "De la perception du symbolisme graphique" (EdiL du Parthenon, Bruselas), libro recomendable a los amateurs y también a los profesionales. Max GUYOT, en su "Tableau Graphologique de mílle tendences du caractere", expone toda una serie de cuadros de tendencias caracterológicas con su correspondencia grafológica.

No existen centros importantes de reconocimiento oficial donde se enseñe en Bélgica la Grafología, posiblemente por la cercanía de Francia. Sin embargo hay dos organizaciones privadas por correspondencia, la de G. CARELS y la de DAGNELY, ambas en la capital.

ESPAÑA

Como se ha dicho (apartado 3.1.), a pesar del conocimiento que se tenía de la Grafología gracias a Cirilo SERRANO, CHAMPOURCIN, MIRACLE y algunos otros que se ocuparon a principios de siglo del estudio del carácter mediante la escritura, Matilde RAS es quien la importa desde Francia.

Como toda ciencia nueva, la Grafología tuvo que vencer resistencias y romper un mundo para nacer y, al igual que en otros países de Europa, terminó por imponerse en los medios universitarios.

La iniciadora fue Matilde RAS en Madrid y después Augusto VELS en el S.E.U. de la Universidad de Barcelona en 1947, quien cuenta con un elevado número de publicaciones, entre las que destacan "Diccionario de Grafología", "La Selección de Personal y el problema humano en las empresas", "Grafología y Personalidad".

Posteriormente, destacaría también M. ALMELA en la cátedra de ps1copedagogía de Barcelona, que dirigía el Dr. TUSQUETS.

Actualmente la Grafología se estudia en la Escuela de Medicina Legal de la Facultad de Medicina de Madrid, cuyos cursos oficiales se organizan exclusivamente para universitarios. Los temas que desarrolla esta escuela son, especialmente: Paleografía, Grafística, Grafopatología, Grafoterapia, Orientación Personal, Selección de Personal, Orientación Pedagógica y de Estudios, etc... También se imparte enseñanza en el Instituto

Salazar y Castro, dependiente del Consejo Superior de Investigaciones Científicas de Madrid. En esta escuela, se siguen y desarrollan cursos de tres años de duración que finalizan con una tesis sobre la especialidad escogida para la obtención del diploma. Este centro docente patrocinó, del 25 al 30 de Septiembre de 1971, el Primer Congreso Internacional de las Ciencias del Grafismo, que se celebró en Madrid.

En 1943 empezó a funcionar en España, la primera escuela de Grafología por correspondencia a través del departamento de caracterología creado por Augusto VELS en Belpost-Tecnopost, labor continuada después por MUÑOZ ESPINALT en 1955. De la Escuela de MUÑOZ ESPINALT han surgido algunos Grafólogos de renombre, entre los que, merecen mención el Profesor Francisco LACUEVA, Adolfo NANOT, María Rosa PANADES y algunos otros.

Conocidos por su labor en el campo de la Grafología son: Arcadio BAQUERO, Silvia RAS (sobrina de Matilde RAS y especialista en Grafología Infantil), quien actualmente imparte enseñanza en su Centro de Formación de Madrid; Ana Ch. RICHOUFFI'Z, el Profesor TUTUSAUS y la Dra. PERTEJO.

Otra escuela muy importante es la de Mauricio XANDRÓ, Presidente de la a Sociedad Española de Grafología y Director-Promotor de las "Jornadas de Grafología", evento bianual de carácter internacional, que se celebra en Madrid y en Barcelona. Mauricio XANDRÓ nació en Bilbao en 30 de Octubre de 1924. Investigador y autor de varios libros entre los cuales se hallan "Grafolo- gía Superior", "Grafología para todos", "Grafología y

Selección de Personal", etc..., aconseja a los Grafólogos principiantes la siguiente metodología de estudio:

I) Estudiar un Método
2) Estudiar todos los demás métodos, leyes, escuelas, etc...
3) Comprobar, en base a investigación si éstos métodos son aplicables en España.
4) Investigar para crear nuevas leyes.

Formó parte del grupo de profesores de Grafística de la Escuela de la Facultad de Medicina de Madrid y del Instituto de Orientación Psicológica EOS.

El Profesor ALLENDE dirige el Instituto Psicografológico Español de Madrid.

El Profesor SIMÓN imparte enseñanza en la Universidad Complutense, dentro de las especialidades de Psicología y Medicina y ha publicado un libro "Todo sobre la Grafología", que sigue la línea de su profesor: Mauricio Xandró.

El 22 de Mayo de 1992, Susana Gómez Lages (Montevideo, 22/2/1954), residente en España desde 1975, de nacionalidad española, licenciada en Psicología por la UNED y autora del presente libro, funda el *"Centro de Estudios Grafológicos",* con el objetivo de prestar apoyo a gabinetes de RRHH y departamentos de Personal de grandes empresas, sector en el que llevaba trabajando desde 1986. Este centro cuenta con prestigio y experiencia en este sector. Su faceta formativa comienza en 1993, como consecuencia de la demanda de algunas de las empresas clientes, que demandan una formación específica para sus Consultores. Comienza su andadura con el curso *"Evaluación Psicografológica Profesional para Consultores en Recursos Humanos",* dirigido a Psicólogos y profesionales de los RRHH. Es la exigencia de una formación universitaria previa lo que eleva la calidad de los cursos de Grafología en España, a la vez que agiliza el tiempo de formación (cursos de un año lectivo).

En 1994, imparte otro curso, *"**Psicografología Social**",* atendiendo a la demanda de otros profesionales y titulados, no dedicados ni interesados en el sector de la empresa, por ej, Abogados, Sociólogos, etc. El Centro se especializa no sólo en la formación sino que hace hincapié en la faceta investigadora de sus alumnos, comprobando hipótesis y generando nuevo conocimiento, sobre todo en las áreas de Pedagogía, Medicina y Psicología. Es así como en los años siguientes, además de encontrar una nueva vía de impartir aprendizaje grafológico (cursos a distancia, que le permiten tener alumnos en todo el territorio nacional y en Sudamérica), estructura dos nuevas líneas de aplicación y especialidad grafológica, son los cursos: *"**Grafología Psicopedagógica**" y "**Diagnóstico Grafológico de Trastornos Físicos y Psicológicos**".*

La autora actúa como Perito Grafólogo ante los Tribunales de justicia de Madrid y, a petición de varios alumnos crea un nuevo curso: *"**Pericia Grafológica**",* al que denomina "curso de segundo grado", ya que requiere haber finalizado con éxito cualquiera de los cursos anteriormente mencionados. Aporta a la Pericia Grafológica el uso de la estadística para confirmar o desconformar las hipótesis periciales, explicando claramente el grado de confianza que jueces y abogados pueden conceder al informe pericial.

Actualmente imparte todos estos cursos **on-line**, sobre los que se puede solicitar información en el correo: sglages@gmail.com

La diferencia entre el Centro de Estudios Grafológicos y otros centros, es la toma de contacto con el trabajo real del Grafólogo, ya que sus cursos son eminentemente prácticos y se realizan, casi desde el principio, informes reales, de cartas y firmas completas, tal y como se hace en el desempeño profesional y en este sentido hay que diferenciar entre las distintas áreas:

- Los informes realizados por el Centro de Estudios Grafológicos (C.E.G.), de cara a la selección de personal, hacen hincapié en la adecuación del candidato al puesto de trabajo, no se limitan a informar sobre la personalidad del sujeto, tienen los siguientes apartados: Aptitudes intelectuales, Conducta laboral, Personalidad, Puntos fuertes y Puntos débiles (de cara al puesto y la empresa) y, finalmente, Conclusión sobre la adecuación.
- Considera la Grafología como una técnica proyectiva de evaluación psicológica (no como una "ciencia" apartada de la Psicología).
- Susana Gómez Lages aplica la terapia cognitivo-conductual, por lo que las variables evaluadas han de ser operativas y demostrables, haciendo hincapié

siempre en la investigación, sin dar por supuestas verdades o realidades no demostrables empíricamente.
- Aplica, en el área pedagógica, las teorías del desarrollo de la psicología científica, desarrollo social, de la inteligencia y las aptitudes, etc.
- En Psicología Clínica, aplica la grafología para evaluar tanto a la hora del diagnóstico inicial como en el progreso de los pacientes pero no está de acuerdo en empleaar la modificación de la escritura para producir un cambio en el paciente, es decir, no admite los resultados de lo que otros grafólogos llaman Grafoterapia.

Otros nombres del panorama grafológico actual en España son los del Dr. .J. VILLALAIN, Dr. Rafael THOMAS, Dr. MENA, Dr. MUÑOZ-RIVERO, J. PERMUY, María Rosa PANADES, Vicente LLEDÓ, J. SADURNI, MARTINEZ VILLA, María Angeles ESTEBAN, Carmen GASPAR, Berta ANDRES, Deogracias MELLADO, Elena SOLER, F. del MORAL y los profesores GUMI, Dr. DEOSEDES, Beatriz VALDEMORO, J, PONS y Román LOPEZ, éstos últimos especializados en Grafología Pedagógica.

Las perspectivas de la Grafología en España, donde se sigue muy de cerca la escuela francesa, son cada vez más extensas, especialmente en lo que se refiere a la grafopatología, pues sabido es que innumerables médicos españoles, siguiendo el ejemplo de sus colegas europeos se han dado cuenta hace años del valor de la escritura como medio de investigación, seguimiento y diagnóstico de enfermedades y de enfermos, sobre todo relacionados con el Parkinson.

En los últimos años se ha desarrollado mucho su uso en la evaluación de personal, principalmente para empresas francesas o alemanas (filiales).

En Criminología se utiliza desde hace largo tiempo y en justicia en general, para verificar la autenticidad de firmas en testamentos o conocer autores de anónimos.

La Grafoterapia, muy desarrollada últimamente, se ha visto enriquecida por los estudios llevados a cabo por la Vice-Presidenta de la Sociedad Española de Grafología, Isabel SANCHEZ-BERNUY, quien ha publicado "Análisis Transaccional y Grafoterapia" (Ed. Paraninfo). El uso del análisis transaccional de Eríc BERNE, que divide el YO en tres partes (Padre: comportamientos exteropsíquicos; Adulto: comportamientos neopsíquicos; y Niño: comportamientos arqueopsíquicos), permite definir las problemáticas individuales y, posteriormente, beneficiándose de la grafoterapia, conciliar los tres estados curando al paciente.

La Sociedad Española de Grafología, creada a semejanza de su homóloga francesa, tiene como finalidad:

1- Prestigiar la profesión
2- Mantener una deontología
3- Dar cabida en la organización sólo a miembros que puedan acreditar su profesionalidad como científicos de la Grafología.

4- Controlar, mediante un examen riguroso y una tesina, el valor científico y la profesionalidad de los solicitantes a través de un tribunal examinador.

5- Proteger a sus miembros contra todo descrédito e intrusismo.

6- Convalidar su aptitud para el ejercicio de la profesión mediante un título y un carnet que acreditarán su competencia.

7- Informar, mediante un boletín y conferencias, de los avances científicos que en Grafología y ciencias afines que se vayan produciendo en España y en otros países.

Cuenta con miembros distinguidos de Madrid, Barcelona y toda España, así como del extranjero. Edita trimestralmente la revista "Escritura y Grafología que no es únicamente un medio de divulgación, es también una oportunidad de vínculo entre la Sociedad y los miembros. Comenzó a publicarse en 1977, después de haber hecho antes una humilde hoja-boletín informativo. En ella se recogen trabajos de investigación del propio equipo y de todos los miembros que tienen algo que decir.

A juzgar por el interés de los miembros numerarios que se incorporan cada año a la S.E.G. y los niveles alcanzados por los Grafólogos españoles en general, podemos augurar que el futuro de la Grafología en España es amplio y glorioso, a pesar del uso de la informática y el envío de currícula por Internet.

FRANCIA

Es la cuna de la Grafología. La Société de Graphologie francesa, de rango internacional, ha cumplido cien años. Su fundador fue, como ya se ha dicho en el capítulo 3, Jean Hyppolite MICHON y su sucesor Jules CRÉPIEUX-JAMIN ejerció como Presidente de la Société hasta su muerte en 1940.

Con los discípulos de CRÉPIEUX-JAMIN, la ciencia grafológica se va perfeccionando cada vez más en a medida que se integra en las nuevas corrientes del psicoanálisis y de la caracterología moderna y, posteriormente de la grafometría.

Es hoy un país que va a la vanguardia de la investigación grafológica, ya sea en su aspecto genético, caracterológico, fisiológico, medio, estadístico, pedagógico, filosófico o profesional. Este avance científico de la Grafología ha hecho posible que el Ministerio del Interior del vecino país otorgue a la Société de Graphologie, modelo de seriedad científica, el privilegio de haber sido designada oficialmente como centro cultural de utilidad pública.

La Grafología francesa se ha destacado siempre por su espíritu abierto a toda innovación y enriquecimiento científico. El boletín "La Graphologie" brinda en todo momento sus columnas a toda colaboración nacional o extranjera que aporte algo nuevo y de interés para sus numerosos miembros repartidos en gran parte del mundo. Sus congresos internacionales y sus semanas grafológicas han reunido siempre a los grafólogos más destacados de Europa y Norteamérica.

Aparte de la Société de Graphologie, encargada de la extensión cultural de la ciencia grafológica a través de sus cursos, conferencias y publicaciones, se fundó en 1945, bajo la presidencia del dinámico Pierre FOIX el actual Groupement des Graphologues Conseils de France. Esta agrupación reúne como en una especie de colegio oficial a los grafólogos profesionales que pueden actuar oficialmente en el país. Para ingresar en ella es preciso haber obtenido el diploma de Grafólogo en la Société de Graphologie y seguir luego otros cursos de especialización en Grafología superior que terminan en un examen muy duro que garantiza la competencia profesional de los miembros del grupo. Nadie puede ingresar en este "Groupement" sin haber pasado el examen ante un tribunal compuesto por grafólogos profesionales de esta asociación sindical.

El G.G.C.F. impone a sus miembros un código de deontología, con el qutJ la profesión de grafólogo se dignifica en su misión, adquiriendo, a la vez, el **respeto y la confifLJJ.7a de las personas que utilizan !os informes grafológicos** en cualquiera de sus múltiples aspectos.

Entre los grafólogos más destacados del país vecino podemos citar, por su erudición, a Suzanne BRESARD, Raymond TRILLAT, Ania TEILLARD, Jean Charles GILLE (actualmente en Canadá, Universidad de LAVAL), Jacquelme PEUGEOT, Pierre FAVAREILLE, Mme. LEFEBURE, Bnmo TABERNER, Mme. D.A. LOMBARD, Pierre FAIDEAD, Robert OLIVEAUX, Mme. GOBINEAU y M. PERRON (creadores de la Grafometría), Loucien

BUS- QUET, André LECERF, M. WIDEMAN, Robert DENIS, etc. La mayor parte de ellos dirigen o colaboran en el boletín "La Graphologie" publicación muy cuidada en su aspecto de seriedad científica.

Otras publicaciones francesas son: El boletín del Groupement des Graphologues-Conseils, del InstitutIntemational de Recherches Graphologiques; los "Cahiers del'Alliance Graphologique" de M. OSTRACH; las publicaciones del centro "L'EvolutionGraphologique" de Loucien BUSQUET y, "Les Cahiers de l'I.N.G.S." (Institut Natíonal de Graphologie Scientifique), dirigido por Marguerite SURANY, y publicaciones aisladas en la revista "Psyche", "Connaissance de l'homme" de gran prestigio científico en y "Morphopsycho- logie", dirigida por el Dr. CORMAN.

La literatura francesa sobre Grafología es muy extensa. En primer lugar, sobre Grafología científica, ofrece gran interés la obra de H. GOBINEAU y R. PERRON, "Génétique de l'écriture et étude de la personnalité", obra fundamental para los que precisan moverse en un criterio de medida y control estadístico. En este mismo sentido puede consultarse también el "Précis de Graphologie" de Alix MICHELET.

Para los psicólogos que se decantan por JUNG, están las obras de Ania TEILLARD, "L'ame et l'écriture y Psychologie de l'écriture" del Dr. Jean Charles GILLE.

Los interesados por el psicoanálisis de FREUD pueden consultar la obra de P. MENARD y las publicaciones del centro "L'évolution Graphologi- que" de Loucien BUSQUET.

A los que conozcan las teorías de SZONDI, la excelente obra del Dr. GILLE y Mme. LEFEBURE, "Introduction à la psychologíe du moi".

A los partidarios de la teoría de la forma (GESTALT), se les remite a las mismas comunicaciones de L. BUSQUET y, a la obra de Robert BRECHET "Les Graphologues dans les sciences psychologiques".

El estudio de los temperamentos clásicos lo han abordado bien los siguientes autores: Dr. P. CARTON, André LECERF, H. de SAINT MORAND, MUZINGER, Susanne DELACHAUX, el Dr. R. MOMPIN y Mauricio DELAMAIN, entre otros.

La caracterología de LE SENNE ha sido estudiada por ia mayor parte de los grafólogos franceses y merecen citarse en este aspecto René RESTEN, Robert DENIS y TORKOMIAN, así como Emile CAILLE, A. VOSESEC, G. BEAUCHATAUD, etc.

La grafología médica ofrece también obras muy interesantes: por ejemplo las de ROGUES DE FOURSACS, E. de ROUGEMENT, Jean Charles GILLE, TEILLARD y otros.

La Grafoterapia ha sido estudiada por STRELETSKI, TRILLAT y OLIVAUX, entre otros. La grafología relacionada con el estudio del ritmo musical ha dado motivo a trabajos muy interesantes, como los de Jean Charles GILLE y 'Louis VAUZANGES. La grafología relacionada con la Filosofía china, los jeroglíficos egipcios y la ciencia de la tradición tiene en Marguerite SURANY su principal intérprete.

La grafología bajo su aspecto puramente fisiológico y nervioso tiene su eco en los trabajos de Maurice PERIOT, H. CALLEWAERT, STRELETSKI, BROSSON y otros.

La selección de personal ha sido tratada por Roberto DENIS y TORKO- MIAN, Pierre FOIX, Loucien BOUSQUET, S. DELACHAUX, TRILLAT, GAUSSIN, GILLE, etc.

El simbolismo de las letras tiene en Rosalyne CREPY y en Marguerite SURANY su máxima expresión, aunque cada una de estas autoras aborda el simbolismo desde ángulos muy distantes. En este sentido merecen también especial mención los trabajos de BRONSON, LE NOBLE, MENARD, BOUSQUET, René SELBERG y otros.

Las anomalías en la escritura infantil han sido estudiadas por Jacqueline PEUGEOT con magistral acierto y atención. Otros trabajos sobre el niño han sido publicados por F. GOODENOUGH, H. FAY, Ada ABRAHAM, Alfred TAJAN, L BOUTONIER, POROT, CORMAN, Henry WALLON, Susanne DELACHAUX, André LECERF y MIALARET, entre otros.

De especial relevancia es el libro publicado por los Dres. G. SERRATRICE y M. HABIB: *"Escritura y Cerebro"* *(Ed. Masson, 1993)*, traducido al español.

Todos estos aspectos y otros son tratados en el boletín "La Graphologie", manteniendo siempre una información "al día" de la marcha de la Grafología en Francia.

INGLATERRA

La Grafología Científica en Inglaterra comienza con R. SAUDEK, fallecido en 1935, a quien debemos dos obras muy importantes en la literatura grafológica:"Experiments with Hanwriting" y "The Psychology of Handwri- ting", en la primera expone sus experimentos mediante la filmación del acto de escribir y un estudio sobre los signos de honestidad y deshonestidad. Esta es una obra interesante bajo el punto de vista de los fundamentos científicos de la grafología. La segunda obra -que cronológicamente es anterior- habla principalmente sobre generalidades de la grafología. Fueron publicadas simultáneamente en inglés, holandés, alemán y checoslovaco, en 1925 y 1928, por la editorial George Allen.

SAIJDEK ha dejado en Inglaterra y en otros países muchos discípulos y merece el título de padre de la grafología científica inglesa.

Actualmente son muy apreciadas las obras de EYSECK, DOWNEY, Hans JACOBY, Frank N. FREEMANN, Helga ENG, MIDDLETON, Klara ROMAN, Eríc SINGER y otros. Igual que en Norteamérica, los grafólogos ingleses suelen combinar la grafología con el test psicológico de Rorschach, el miokinético de Mira y otros.

ITALIA

Funcionan en este país, tres organizaciones importantes: El Instituto G. MORETTI, La Associazione Grafológica Italiana y el instituto creado por MARCHESAN. La revista más importante de cuantas se publican es "Scrittu- ra", publicación cuatrimestral del Instituto G. MORETTI. Por ella apreciamos el gran avance que los italianos han dado a la grafología desde LOMBROSO, MORETTI y ASTILLERO, que fueron sus iniciadores.

El Instituto MORETTI bajo la dirección del Profesor Lamberto TORBIDO- NI, desarrolla su actividad en tres direcciones: profesional, editorial y cultural. Bajo el punto de vista profesional se ocupa de análisis grafológico de todo tipo (orientación, selección de personal, consejo psicológico, etc.) y también atiende las peritaciones caligráficas judiciales, como venía haciendo desde 1925 su fundador y gran maestro de la grafología italiana fray Girolamo MORETTI.

Bajo el punto de vista cultural, el Instituto MORETTI ha abierto una Escuela Superior de Grafología y la constitución de una agrupación de Grafólogos Profesionales, similar a las de , Suiza, España y otros países europeos. Esta agrupación se divide en grupos de estudio que abarcan series de experimentos en varias especialidades, conferencias, seminarios de especialización, etc. Finalmente, la parte editorial se ocupa de la publicación de obras importantes relacionadas con la grafología, traducciones de obras extranjeras y la ya mencionada revista "Scrittura"

Otra revista italiana que tiene un alto nivel grafológico y cultural "Revista di Psicología della Escritura", es editada por el Instituto d'Indagini Psicologiche di Milano", que es también escuela de grafología, centro de consultas, local donde se celebran congresos internacionales, etc. y está dirigido por Marco MARCHESAN"

Además de los ya citados, Italia tiene otros grafólogos de primera fila, de los cuales citamos a: Mariana LEIBL, ZANETTI y ROLLANDINI, Osear del TORRE, Luigi SPOTTI, Carla VANINI, Livio ZANIN, G. LUISETTO, F. MERLETTI, G. GALEAZZI, B. VETTORAZZO, S. LENA, etc...

SUIZA

La Grafología en Suiza, al menos en su aspecto científico comienza con PULVER, conocido mundialmente por haber integrado en la Grafología los principios del simbolismo.

Max PULVER fundó en 1950 la Société Suisse de Graphologie, integrada únicamente por Grafólogos profesionales o personas altamente cualificadas por sus conocimientos o estudios de psicología. Actualmente sólo pueden ser miembros de ella, los Grafólogos profesionales diplomados en las escuelas de Zurich o Basilea y los Grafólogos de lengua latina que posean el diploma de Grafólogo Consejero otorgado por el Groupement des Graphologues Conseils Professionnels de France.

Otra entidad importante es la Société Suisse pour la Vulgarisation de la Graphologie Scientifique, fundada en Zurich, por Max Freí en 1958, a la que puede pertenecer toda persona que se interese por la Grafología y cuyo objeto es la divulgación de ésta ciencia a base de numerosas conferencias desarrolladas por personalidades relevantes en el campo de la psicología, la psiquiatría y las ciencias empresariales. También es centro de enseñanza de Grafología. Se pueden citar conferenciantes de la altura de Robert HEISS, H. MULLER, A. ENSKAT, Roda WEISER, LOCKOWANDT, LISTENOV, BUHLER, SCHNEWLIN, etc.

El seminario de Zurich, fundado en 1963, goza de una gran reputación en toda Europa.

De Suiza han surgido eminentes grafólogos, basta recordar a Max PULVER y G.E. MAGNAT, conocidos mundialmente y los no menos famosos Marcel MEYER, Suzanne DELACHAUX, Robert BRECHET, H. MULLER, A. ENSKAT, A. SCHLUMPF, MUHLEMANN y S. RAUSCH.

En cuanto a las publicaciones, recordamos los "cuadernos de grafología" I, II y IH que aparecieron como anexo de la "Revue Suisse de Psychologíe" (Ed" Hans Huber, Berna), desgraciadamente desaparecida ya. En el primer número, había un artículo muy interesante sobre "L'intentíonalité" escrito por Max PULVER.

La Société Suisse de Graphologie publicaba el boletín "Scrípta", publicación que cesó en 1960 con la muerte de G.E. MAGNAT, redactor responsable del boletín y con quien colaboraban Grafólogos de renombre.

Actualmente se publica la "Zeítscrift fur Menschenskunde", editada por W. BRAUMUELLER de Viena (Austria). Esta revista es el órgano oficial de la Société Suisse de Graphologie y de los psicólogos de la escritura alemanes.

En otros países europeos:

La Grafología está muy avanzada en Suecia, donde se la utiliza general- mente, junto con las baterías de tests en los estudios de selección de personal y orientación pedagógica.

También en Holanda se trabaja intensamente, la Sociedad Holandesa de Grafología es casi tan antigua como la francesa.

Rusia (considerando los datos anteriores a su situación política actual) también posee su Sociedad de Grafología y lo poco que se conoce sobre ella es mediante un artículo publicado por Jean Charles GILLE en 1963 y 1964 en el boletín "La Graphologie", denominado "Aperçu de graphologie sovietique", comentando una obra del grafólogo ruso ZUEV-INSAROV.

Existen también buenos mvestigadores y practicantes de las técnicas grafológicas en Portugal y en Checoslovaquia pero no conocemos en profundidad su nivel de interés por ésta técnica.

AMÉRICA

ARGENTINA

La Grafología en Argentina tiene· como pionero a Federico ABERASTURY, quien comienza su labor aproximadamente en 1930, interesando a los intelectuales de su época por la nueva ciencia. Fueron muy comentadas sus innumerables conferencias en la Universidad y en otros centros intelectuales de Buenos Aires. Investigador serio y profundo, es además el fundador del Instituto Argentino del Carácter.

Entre los científicos argentinos más conocidos internacionalmente, encontramos a Pedro G. D'ALFONSO, profesor de la Universidad Católica Argentina de tests proyectivos y gráficos, incluyendo la grafología. Destaca en la investigación de grafología simbólica y de rnicrografología. En éste último campo, su tesis se basa en que en cada rasgo gráfico se hallan los siete niveles igualmente que en cada signo psicológico. D' ALFONSO es el autor de la interesante contribución que figura en la obra de Bela SZELEKY "Los tests", sobre Grafología. Es también autor de "El lenguaje del dibujo" que versa sobre el test de Wartegg.

Otro investigador y autor importante es Curt H. HONROTH, alemán residente en Argentina desde el tercer Right, alumno de Rafael SCHERMAN, pnncipal divulgador a nivel mundial de la Escuela Emocional, cuyo continuador es el profesor Angel ZARZA, quien desarrolla actualmente su actividad dentro del gabinete de psicometría del Instituto Neuropsiquiátrico Borda. Curt A.

HONROTH ha dejado obras de gran interés pedagógico "La Escritura Infantil" (Editorial Kapelusz, 1958), "Grafología Emociona!" (editorial Troquel, 1959)

En el campo de la investigación merece especial mención Amado J. BALLANDRAS, creador del Instituto Superior de Humanidades.

Un grupo destacado en el campo de la investigación y la aplicación de la grafología, lo constituyen Marian DREYFUS, Margarita COIRE y Marga PELS, que apoyan su metodología fundamentalmente en las escuelas alemanas modernas de grafología (Müller y Enkast, Heiss, Wagner y Pfanne, etc.). Este grupo recibe consultas de empresas nacionales y extranjeras e imparte clases de especialización a psicólogos y estudiantes de psicología de los últimos cursos universitarios.

Los principales centros donde se estudia Grafología, aparte de la Universidad Católica Argentina, son: el Instituto Superior de Humanidades -que han organizado congresos internacionales a los que han asistido grafólogos de Alemania, España, Italia, Estados Unidos, Chile y Brasil-, cuyo objetivo principal es promover el estudio de la grafología en diversos campos de la investigación (selección de personal, orientación profesional, grafopatología, grafoterapia, peritación caligráfica, etc.); la Sociedad Argentina de Grafoiogía., inscrita en el Ministerio de Educación y Justicia, como entidad pedagógica, dirigida por el Profesor Manuel KIRSCHBAUM, la Academia Argentina de Grafología y de Técnicas Psicológicas Modernas, dirigida por el Profesor Ramón C. CARBALLO, quien ha iniciado a través del

Centro Independiente de Estudios Especiales un curso de Grafología por correspondencia.

Es igualmente importante la Escuela Superior de Psicología Profunda, bajo la dirección de la Profesora Licia Iris MIGNINI, que posee un cuadro de 15 profesores y en donde los principales cursos son de Psicología Profunda, Psicopedagogía, Psicometría, Grafología y Relaciones Públicas.

La Escuela Superior Argentina de Ciencias sociales, dirigida por el Profesor Luis GRINGSTEIN, con un cuadro de 52 profesores y unos nueve mil alumnos, tiene también dedicada un aula a la Grafología a cargo del Profesor C.L. CARBALLO.

Y finalmente, en el Colegio Superior de Estudios Psicosociales, dirigido por Osear CASSARANI, se estudia la Grafología junto con otras carreras de ciencias empresariales.

En varias entidades privadas dedicadas a organización de empresa y selección de personal se aplica la Grafología como técnica principal. En estas organizaciones está, por ejemplo, CHAPIRO & ASOCIADOS, donde Edith DEUTSCH (de la Universidad de Buenos Aires) y CH. BURMESTER aplican las técnicas grafológicas de su especialidad.

Aparte de los ya mencionados, merecen nombrarse: Profesor Walter HESSE (Grafoterapia), María Lina EHEV ARRIA y Noemí Beatriz DE SEGURA (Grafología, Psicotécnica e interpretación del dibujo infantil); Mercedes ESTUBLIER DE BERMAT, Adela Nieto DE TEJEDOR, Beatriz VILLAMARIN, etc.

Se ha creado un Colegio de Graduados en Grafología, con idéntica finalidad a la de la Asociación de Grafólogos de España.

BRASIL

En Río de Janeiro funciona un Instituto de Investigaciones Grafológicas, dirigido por el Dr. Roberto DAS NEVES (que cursó sus estudios en y España), dedicado a la selección de personal y orientación pedagógica.

En 1977, se fundó la Sociedade Brasileira de Grafología, actuando como Presidente el Grafólogo y Psiquiatra J. DE GOUVEIA, como Vice Presidente una discípula indirecta de PULVER: Odette SERPA LOEVI. La conocida Grafóloga Eloísa L. ALVES DA MOTA, ejerce las funciones de Secretaria.

ESTADOS UNIDOS Y CANADÁ

El interés de la Grafología ha aumentado mucho en los últimos años. Se han creado en ambos países varias Sociedades de Grafología y se editan revistas periódicas sobre el tema.

La Sociedad más antigua en éste sentido es la "American Graphological Society" fundada por Louise Rice y la más activa es la "American Hanwriting Analysis Foundation", con sede en California y comprende unos 200 miembros. Su director Charlie COLE, organiza frecuentemente conferencias y seminarios y publica en diarios y revistas artículos sobre escritura y grafología.

En Chicago, funciona la Sociedad "American Handwriting Analysts", que agrupa 150 miembros bajo la presidencia de M.B. BROWN. En Nueva York la "Associated Graphologists International" publica artículos de gran valor científico en su revista "Graphic Horizons".

Un grupo de unos 30 grafólogos se reúnen periódicamente para dar conferencias y sostener debates sobre la grafología en la Universidad de Nueva York.

Existe otra Sociedad con varios millares de alumnos en E.E.U.U. y Canadá, se trata de la "Intemational Grapho-Analysis Society" fundada por M.N. BUNKER. El sistema de BUNKER tiene cierta analogía con la teoría del signo fijo de MICHON, por lo que muchos de sus alumnos se pasan a otros métodos más modernos, como el Psicograma creado por Klara ROMAN y desarrollado por Daniel S. ANTHONY o la Grafometría de Lewinson ZUBIN.

Resulta de gran interés en las Universidades americanas, el método creado por Thea Stein LEWINSON en Grafometría, sobre el cual se ha hablado en el apartado 5.1. LEWINSON parte de que la escritura es una línea a la cual se ha dado forma moviéndose en tres dimensiones: vertical, horizontal y profunda. Estas tres dimensiones están unidas por una relación dinámica (contracción, equilibrio, disparo o reacción impulsiva). Su método consiste en clasificar la cinta gráfica, valorando los conceptos de sus componentes "formal", "horizontal" "vertical" y "profundidad" según una escala de siete puntos:

Contracción	Equilibrio	Disparo
+3+2+1	0	-1-2-3

Todos los signos gráficos valorables de estos componentes se presentan en una hoja de histograma que, previamente valorada, permite el establecimiento de cinco curvas variables según los individuos.

El aspecto "formal" de la escritura está en relación, con los factores de integración de la personalidad, es decir, la forma o la estructura de las letras en la cual se fusionan otros elementos está en correlación con el funcionamiento del individuo; con su forma de obrar o actuar; la componente "vertical" expresa la organización racional del sujeto, es decir, la relación entre tendencias intelectuales, emocionales e instintivas; la componente "horizontal" representa la esfera socio emocional, la relación entre el individuo y su entorno. Finalmente, el aspecto "profundidad" está en correlación con la esfera física e instintiva, e indica de qué forma el sujeto utiliza sus energías libidinales.

De cada uno de estos aspectos se obtiene una curva y luego otra que los engloba a todos. Este método ha sido considerado como muy eficaz y superior a los clásicos, especialmente en el diagnóstico de la psicosis.

Sólo el análisis grafológico sobre todas las demás técnicas ha sido capaz de detectar los brotes esquizofrénicos y la personalidad patológica de cuatro gemelas univitelinas diez años antes que su enfermedad se declarara.

Otro grafólogo importante es el Dr. KANFER, que ha realizado estudios con enfermos de cáncer habiendo logrado su detección aunque no la ubicación del cáncer.

En cuanto a compatibilidad - incompatibilidad de caracteres, útil en las diferencias generacionales y en el matrimonio, destaca el Dr. Paul DE SAINTE COLOMBE.

La grafología en E.E.U.U. resulta de gran utilidad para la medicina y hay gran cantidad de médicos grafólogos

BIBLIOGRAFÍA

ABC de la GRAPHOLOGIE (J. Crépieux-Jamin, 1930), (Ed. PUF, Francia)
Boletines informativos de la Sociedad Española de Grafología

DICCIONARIO DE GRAFOLOGÍA Y TÉRMINOS PSICOLÓGICOS AFINES (Augusto Vels), (Editorial Herder, Barcelona, 3a edición, 1983)

Discursos del Profesor José Luis Barrio (Historiador, Paleógrafo).

Discursos del Profesor Mauricio Xandró

ENFANTS GAUCHERS, ENFANTS DROITIERS (Marguerite Auzias, 1984) (Ed. Delachaux & Niestlé, Suisse)

ESCRITURA Y CEREBRO: mecanismos neurofisiológicos (G. Serratrice, M. Habib, 1997) (Ed. Masson, Barcelona, España)

GRAFOLOGÍA PARA TODOS
Mauricio Xandró - J.L. Villaverde (Editorial Paraninfo, Madrid, 3a edición, 1982)

HISTORIA DE LA ESCRITURA
Ignace J" Geb (CoL Alianza Universidad, n° 55) Ed. Alianza Editorial, versión española de Alberto Adell, 1987, 4a edición"

Investigaciones llevadas a cabo por el CEG

PÉDAGOGIE DE L'ÉCRITURE ET GRAPHOTHÉRAPIE (Robert Oliveaux, 1991) (Ed. Massson, Barcelona)

La autora

Susana Gómez Lages nació en Montevideo (Uruguay, 22/2/1954). Desde 1975 reside en Madrid y ha adquirido la nacionalidad española.

Es licenciada en Psicología por la UNED, Profesora de piano y solfeo, Diplomada en Psicografología por el Instituto de Ciencias Psicografológicas de Madrid (Prof. Mauricio Xandró).

En 1992 funda el Centro de Estudios Grafológicos, desde donde imparte cursos de Grafología aplicados a distintas áreas: Selección de Personal, Psicología Clínica, Pericia Grafológica, Psicopedagogía y Social.

Su obra literaria en materia de Psicología, Grafología y autoayuda es extensa. A partir de 2010 publica también literatura de ficción, cumpliendo una de las aspiraciones que arrastra desde que era muy joven.

OTRAS PUBLICACIONES DE LA AUTORA

Literatura científica

- Evaluación Psicografológica Profesional para Consultores en Recursos Humanos
- Psicografología Social
- Grafología Psicopedagógica
- Diagnóstico Grafológico de Trastornos Físicos y Psicológicos
- Rol del Profesor del siglo XXI: metacognición y metaaprendizaje en las aulas

Literatura de ficción

- DISONANCIAS *(Cuento de ficción publicado en e-book)*
- HUMO DE DOMINGO *(Cuento de ficción publicado en e-book)*

www.ingramcontent.com/pod-product-compliance
Lightning Source LLC
Chambersburg PA
CBHW022004170526
45157CB00003B/1143